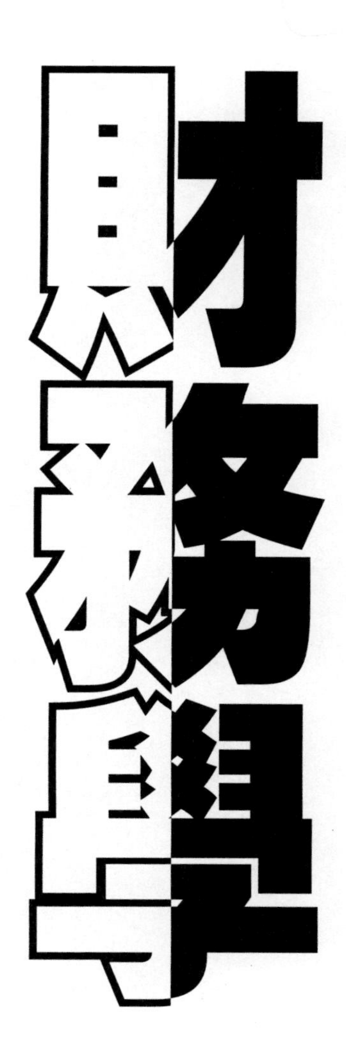

張宮熊博士 著

『我將要這些事常常提醒你們、

激發你們，…

使你們常記念這些事。』

◎聖經【彼得後書】1章12節◎

教書到今年剛好滿20年，從五年級(民國五十幾年次)教到八年級，感歎學生聽課主要目的在於應付考試，及格、拿學分、畢業。只有極少數人是爲了追求知識而認眞聽講課程內容的。

當然這雖說是台灣長久以來升學主義下的荼毒，但作爲一個從事教育的耕耘者，除了抱怨外還能爲學生作些什麼？我上課喜歡學生跟我互動，因爲可以討論的、活用的內容才是知識。我也喜歡用一些常用的諺語或通俗語來請同學思考與財務的觀點相通之處。

多年以來從事財務學相關課程的教學工作，多少也累積了一些心得。因此嘗試將之彙整出版，以饗更多元的讀者。希望這存在於生活上的財務知識可以更普遍的推廣。

很高興『黑白講財務學』付梓出版了。所謂的『黑白講』當然不是亂講，而是講得「黑白分明」、講得「通俗」。書中嘗試用財務的角度去解析常用的諺語或俗語，如用效用的角度解析諸如『窮寇莫追』、『救急不救窮』、『錦上添花不如雪中送炭』等諺語。用現金價值的角度解析諸如『一日不見如隔三秋』、『活在當下』、『海枯石爛；永世不渝』等諺語。

感嘆許多散户在股票市場中失利，本書也談一談一些簡單而實用的投資概念，希望對投資朋友有些幫助。最後本書結尾以財務觀念解讀眾多人關注的政治性話題：災民，你爲什麼不撤離？政府，你爲什麼那麼無能？官員，你爲什麼那麼官僚？希望提供讀者一個不同的思考角度。

張宮熊 謹識於2010初春

目
錄

效用與風險

風險是什麼？

台灣俗語說：火燒竹林，無竹殼，意指凡事充滿了不確定。什麼是風險？風險便是不確定的程度。不確定程度愈高，風險便愈大。

一般學理上將一個人的風險態度歸爲三類：

- 第一類是不喜歡風險，生性保守的人，我們稱之爲風險逃避者(risk averter)：
- 第二類是比較有野心且具有冒險性的人，我們稱之爲風險愛好者(risk taker)；
- 第三類是做決策時不考慮風險的人，我們稱之爲風險中立者(risk neutral player)。

風險逃避者並不是絕對不喜歡風險，而是如果有足夠的風險補償，他便願意冒風險以求獲利。

例如，在一個遊戲中，賭資 5,000 元可丟銅板一次，若丟出正面可得 10,000 元，若丟出反面則沒收賭資。通常多數受薪階級不玩（相對的風險逃避者），但仍有少數人願意玩。如果把賭資降爲 4000，或更低（每個人都會有一個臨界點），原本不玩的人就會決定玩。這種人是相對的風險逃避者。

另一種人，可能賭資在超過 5,000 一些（如 6,000）就願意參與，這種人是典型的「相對的風險愛好者」。

如果有一種人，不管數字的大小，只要期望報酬等於賭資就願意玩。如以 500 賭 1000；以 5,000 賭 10,000；以 50,000 賭 100,000；以 500,000 賭 1,000,000……，這種人就是風險中立者。

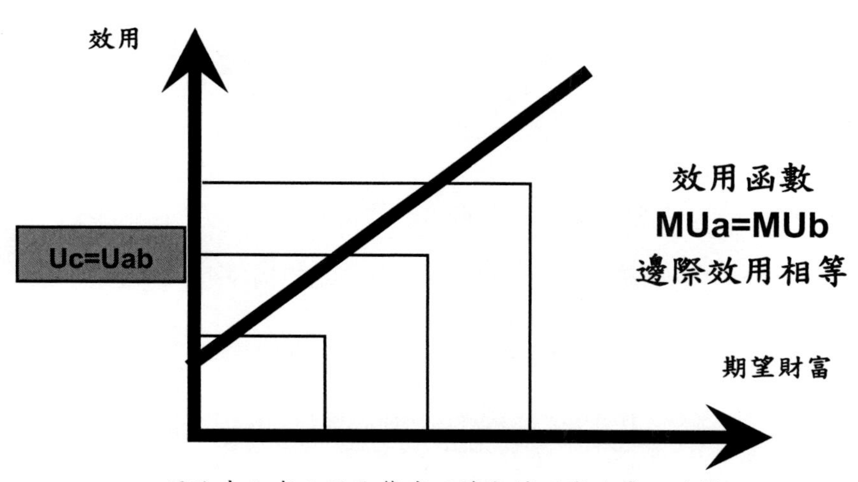

風險中立者：風險態度不隨期望財富水準而改變

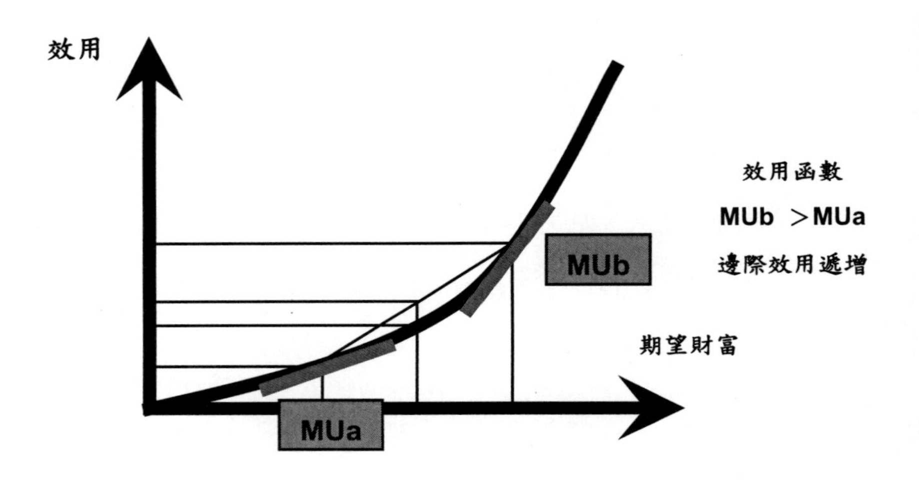

風險愛好者：每單位的效用增加隨著期望財富水準而提高

通常一個人的財富水準的差異會影響他的風險態度。像是敢以 500 賭 1000；以 5,000 賭 10,000 者，不見得敢以 50,000 賭 100,000；以 500,000 賭 1,000,000……，隨著財富的上升，一般人會趨向於風險逃避。

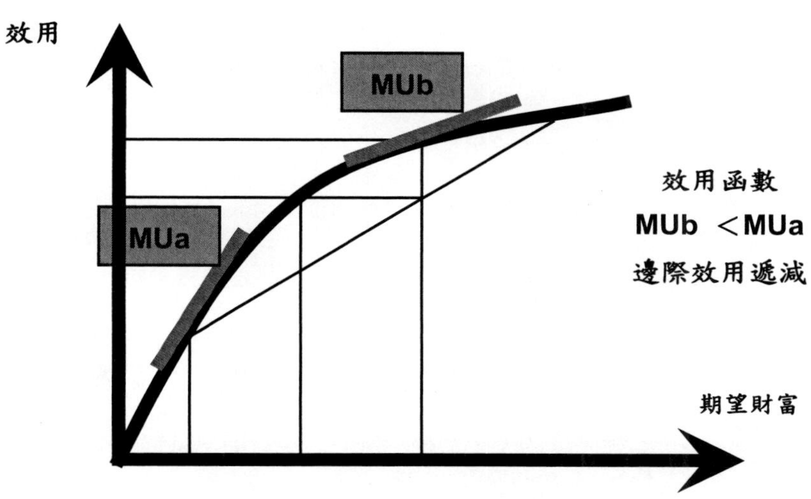

風險逃避者：每單位的效用增加隨著期望財富水準而下降

影響一個人的風險態度除了上述的財富水準外，包括了外在環境與內在人格特質因素。

內在人格特質因素包括四種理論：

- 成就動機（achievement motivation）：追求成就者有中度風險愛好傾向；動機冒險者的冒險策略則永遠是一致的，不是一貫保守就是一貫冒險。

- 認知與動機（cognition and motivation）：風險態度與他的認知與動機有很大的關聯性。前者受認知框架影響，有其一致性。像從小就認知投資是一件可怕的事，長大後依然是風險逃避。

- 激勵（arousal）：每個人對激勵的反應不同，積極回應的人比消極回應的人更具有風險愛好傾向。

- 內外控（internal and external control）：一般人可分爲外控和內控型兩類，外控者比較依賴消極，內控者比較穩健積極，所以風險態度會有所不同。所以後者會比前者更具有風險愛好傾向。

情境因素包含誘因、知識、控制程度、經驗、情境真實性、環境特性六種因素。

- 知識與智能高低：低與高智能（知識水平）者所願意承擔的風險較小，較不敢冒險。中度智能（知識水平）者比較願意承擔的風險。我們可以看到半個世紀前創業者多爲國小到國中畢業者，目前創業者多爲大專畢業者。這些人在當代都屬於中度智能（知識水平）者。我們可以看到企管博士數目那麼多卻顯少人敢創業。

- 年紀：一般而言，年紀較輕與較長者傾向風險逃避傾向。社會上敢衝業績、感投資者多位於30~40 多歲間。

- 資訊多寡：當一個人擁有較多的決策結果攸關資訊時，其決策會愈傾向風險愛好行爲。

- 誘因的多寡與有效性：在加強誘因之下，通常一個人會願意接受風險挑戰。例如股票投資代操業者在抽傭比率提高下會傾向風險愛好行爲。

- 情境真實性與環境特性：在家裡上網下單跟到號子單有什麼不同？後者多了情境真實性。在人聲鼎沸的環境中，我們容易受到影響，產生從眾行爲：一起買或賣感覺比較有安全感，表現出來的行爲通常會「比較敢」，亦即比較有風險愛好的傾向。

請體會一下二組遊戲。第一個遊戲是：

選擇 A　確定獲得 2.4 萬元

選擇 B　有 25%機會獲得 10 萬　75%一無所有

你會如何選擇？

一般人會選擇 A。稱爲『一鳥在手』論。

另外，第二個遊戲是：

選擇 C　確定損失 7.5 萬元

選擇 D　75%損失 10 萬元　25%無任何損失

你會如何選擇?

一般人會選擇 D。稱爲『好死不如苟活』論。

在遊戲一中，若選擇 A 得 2.4 萬，其實低於 B 的期望所得 2.5 萬；

在遊戲二中，若選擇 C 卻定損失 7.5 萬，其實與 D 的期望損失相同。

但選擇 A、D，

2.4 萬－7.5 萬 ＝ －5.1 萬

選擇 B、C，

2.5 萬－ 7.5 萬＝ －5.0 萬

傳統的理論期望報酬高應該要選 B、C，但是在實務上我們通常會選擇 A、D。因爲我們在面對獲利或損失的狀況下，風險態度與行爲截然不同。

保險是什麼？

所謂天有不測風雲、人有旦夕禍福。沒有人確定知道我們的明天會發生什麼事。廣告中死神都不知道自己在下一刻發生什麼事，何況是凡夫俗子的我們呢！

常言道：『天晴防天陰；天陰防下雨。』道盡了保險的重要性。

對風險逃避者而言，一個確定結果財富所帶來的效用高於一個期望財富所帶來的效用。在圖 7-1 中，C 的財富可以表達爲 A 與 B 財富之期望值：$W(C)=PW(A)+(1-p)W(B)$。

如果確定的 C 財富所帶來的效用 $U(W(C))>$一個期望值爲 C 財富所帶來的效用 $U(PW(A)+(1-p)W(B))$，他便是一位風險逃避者。

通常此一風險逃避的傾向會隨著財富的絕對水準的提升而更明顯。假如有一個簡單的丟銅板遊戲，參加的賭資是 50 元，丟出正面可得 100 元，若丟出反面便沒收賭資。相信許多人敢玩。

但假若賭資後面多加幾個零，參加的情況就未必了。參加的賭資是 50 萬，丟出正面可得 100 萬，若丟出反面便沒收賭資。相信還是有人敢玩，但一般收入者多數會袖手旁觀了。

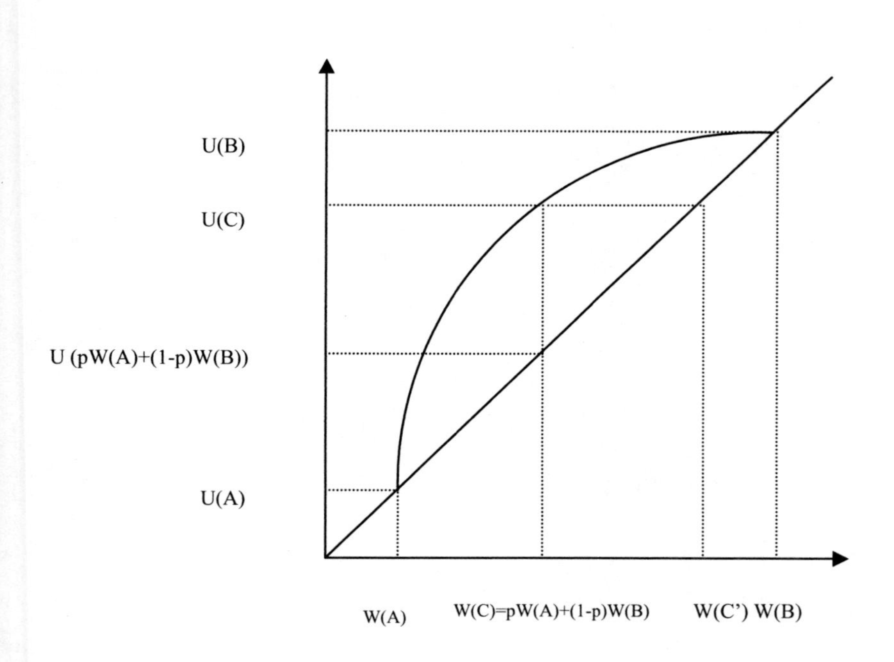

由於風險逃避者厭惡不確定，因此他願意以部份財富（W(C)與 W(C’)差額）換取確定的結果，此一差額便是保險（Issuance，其意爲讓不確定成爲確定）的由來。此一額外附出的金額與風險逃避的傾向成正比。

除了保險，任何財富的付出以換取確定結果者皆有此一性質。如

- 股票投資人繳交會費參加投顧會員換取投顧老師更明確的投資建議；
- 繳交管理費參加投信基金換取投信更明確的投資績效。
- 公司任何商品上市皆面對不確定的市場狀況，因此願意花錢向市調公司購買市場調查資訊等等。

爲什麼賭性堅強？

台灣俗語說：『冤枉錢水流田，血汗錢萬萬年』。勸誡著我們辛苦來的錢才會珍惜，意外之財來得快去得也快。有人說中國人賭性堅強，對賭有特殊偏好，不知是否真假？

對風險愛好者而言，一個確定結果財富所帶來的效用低於一個期望財富所帶來的效用。在圖 7-2 中，C 的財富可以表達爲 A 與 B 財富之期望值：$W(C)=PW(A)+(1-p)W(B)$。如果確定的 C 財富所帶來的效用 $U(W(C)) <$ 一個期望值爲 C 財富所帶來的效用 $U(PW(A)+(1-p)W(B))$，他便是一位風險愛好者。

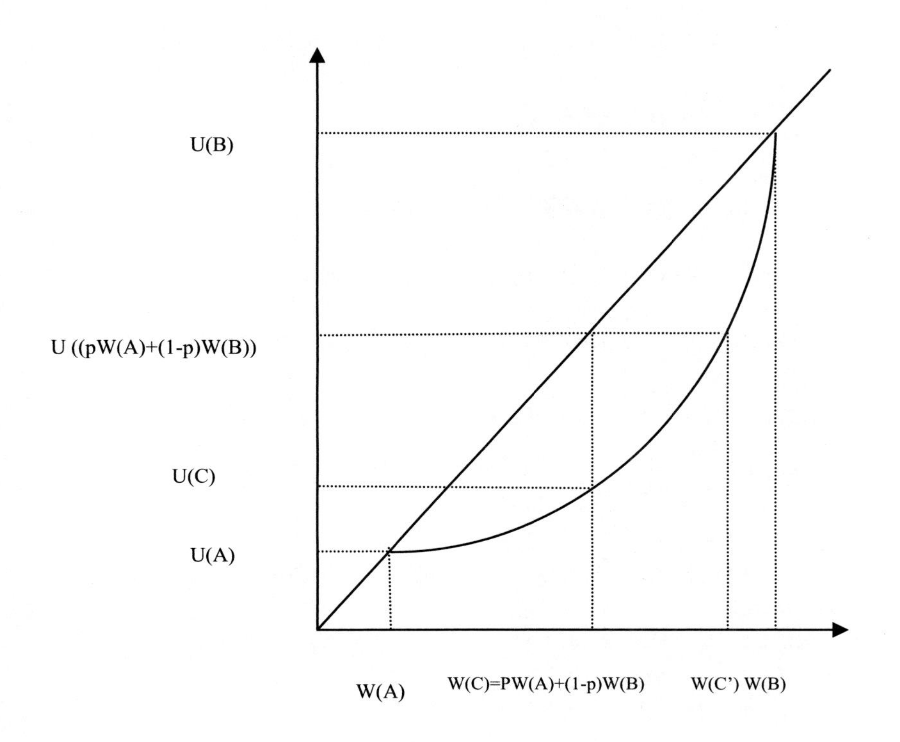
U(B)
U ((pW(A)+(1-p)W(B))
U(C)
U(A)
W(A)
W(C)=PW(A)+(1-p)W(B)
W(C') W(B)

由於風險愛好者偏愛不確定的可能較高財富，因此他願意以部份財富（W(C)與 W(C’)差額）換取一個不確定的好結果與不好結果的遊戲。

例如購買樂透者願意花一筆錢換取一個期望報酬較差（總賭金約有 4 成做社會公益，外加約二成綜合所得稅）的結果，此一結果包含一些不確定的好結果（如頭彩可能上億）與不好的結果（損龜）。此一額外付出的金額與風險愛好的傾向成正比。

樂透彩券爲什麼成爲全民運動？（據瞭解全台灣沒買過或玩過樂透彩券者不到一成。）因爲賭資（可能損失）少，換取一個很大很大的夢（可能報酬）：

- 車子，喜歡嗎？買給你！
- 房子，喜歡嗎？買給你！
- 只要你喜歡，通通買給你！

另外，讓樂透彩劵成爲全民運動的原因是：認爲老天爺的好運氣會降臨到己身上。據國內某知名雜誌所做的調查顯示，國人對中樂透彩的主觀機率遠遠超過客觀中獎機率。

受訪民眾對自己中樂透彩(依次是頭獎、二獎到普獎)的機率分別是 6.45%、8.66%、10.3%、13.8%與 20.4%。事實上客觀機率分別是百萬分之 1.9、萬分之 1.1、萬分之 4、千分之 1.8 與 2.7%。遠低於客觀機率。

如果中頭彩的機率有 6.45%這麼高，大家都不用上學或上班了。例如說一個 50 個人的班級每次樂透都人手一張，則每次都大約會有 3.3 個人中頭彩，其它人沒那麼幸運，但約有 30 個人會中其它獎項。當然這顯然不合理也不可能發生。

樂透彩中獎之客觀與主觀機率比較

獎項	中獎機率	主觀中獎機率
頭彩	百萬分之 1.9	6.45%
二獎	萬分之 1.1	8.66%
三獎	萬分之 4	10.3%
四獎	千分之 1.8	13.8%
普獎	2.7%	20.4%

風險的 S 形彎道

台灣考駕照時都得考 S 形彎道。馬路上沒看過有 S 形彎道，但我們在投資的道路上卻常碰上 S 形彎道！

傳統財務經濟學家認爲人是完全理性者，預期效用理論 (*Expected Utility Theory*) 簡單地描述了投資者在不確定性條件下的理性行爲。如果投資者對於不同環境條件下的投資具有合理的偏好，那麼就可以運用效用函數來描述這些偏好。這一個人對一個不確定結果的效用便是不同結果的個別效用的加權平均。

簡單來說，假設現在有兩種賽局（*game*），其結果形式皆爲（*A*， *p*），可獲得獎金爲 *A* 的機率爲 *p*，可獲得獎金 *B*（通常設爲 0）之機率則爲（*1-p*）。假設 U 爲賭金對個人所生效用之函數，則此兩種賽局之預期效用值皆可寫成 $pU(A)+(1-p)U(B)$ 之形式。

卡尼曼和特佛斯基在 1979 年提出展望理論，認爲傳統效用理論在解釋人們面對風險時，所作的選擇和實際情況會有所差異，尤其在面對獲利或損失的狀況下，一個人的風險態度截然不同。

- 在面對獲利的狀況下，一個人的風險態度傾向於風險逃避，報酬水準越高越明顯。我們可以看到許多人在投資股票賺到一些錢時便急於賣出、落袋為安。

- 在面對損失的狀況下，一個人的風險態度傾向於風險愛好，負向報酬水準越高越明顯。我們可以看到許多人在投資股票面臨損失時會忍一忍、等等看；甚至於嚴重套牢到已經麻木。

展望理論發現違反「傳統效用理論」的部分提出三個效果來說明：

一、確定效果(*certainty effect*)

對個人來說，一個人對於確定的利得和相較於有風險性的不確定利得會有較大的效用，而給予較高的評價(效用)。確定效果說明人們在面對確定的獲利時，會喜歡做一個既得利益的風險規避者。

問題一：有甲、乙兩種結局的遊戲結果可供選擇。甲：有 70%的機率獲得 5,000，有 30%的機率得到 0。乙：確定可獲得 3,000。你會如何選擇？大部分的人通常會選擇乙。但前者的期望報酬(3,500)高於後者。

在股票市場中，股票投資人對於持有某一個股在獲利的情況下，通常會急於出脫股票，而不願意承擔既得利益的風險，放棄繼續持有上漲的股票。

二、反射效果(*reflection effect*)

在加入損失的概念後，可以發現一個人在面對利得和損失的情況會有相反的偏好產生，稱爲反射效果。也就是個人在面對利得會傾向是一個風險規避者，而對於面對損失會成爲風險愛好者。

問題二：有甲、乙兩種結局的遊戲結果可供選擇。甲：確定期末成績不及格 59。乙：有 80%的機會不及格 50，有 20%的機會剛好及格 60 分。你會如何選擇？幾乎所有人都會選擇乙。即使後者的期望分數只有 52 分，但還有及格的可能，遠勝於前者(確定不及格)。人都有損失趨避的天性。

這可以解釋股市投資人通常會將獲利的個股先賣出，對於損失的個股則傾向繼續持有，希望會有減少損失的機會。這說明股價上揚時，投資人會急於賣出獲利的個股；在股價下跌時卻不願意賣出損失的個股。

三、分離效果(*isolation effect*)

針對預期效用理論，若兩個事件的效用相同選擇會相同；但是個人的選擇通常會依個人對問題的看法或解釋不同，而會有不同的選擇。也就是將問題分解成不同的描述方式會有不同的選擇，而一般人只會重視眼前的現象，無法做系統的思考。

甲乙二人買進台積電的價格分別是 65 與 55 元，今天台積電大漲 3 元到 60，對前者來說到解套還有 5 元，對後者卻多賺了 3 元。心情必定截然不同：對乙來說心情不錯，對甲而言仍在等待解套中。

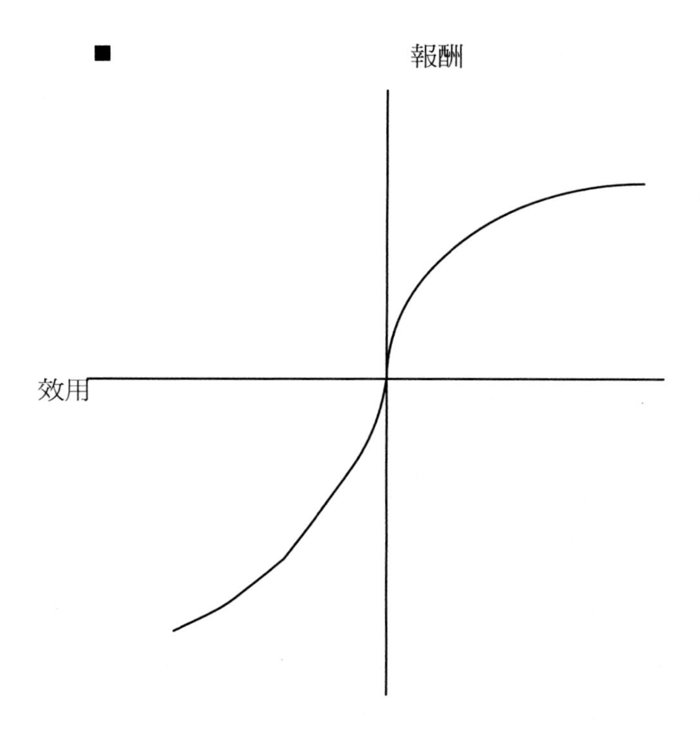

效用與價值函數

資料來源：Kahneman, Daniel, and Amos Tverskey . 1979. "Prodpect Theory: An Analysis of Decision Under Risk." Econometrica 47 (2).

一張在手，希望無窮的樂透彩券

在一個樂透的廣告中，充滿中獎希望的爸爸帶著小朋友坐火車。當小朋友講出來的東西，不管是車子、房子、…，爸爸都會笑著說『喜歡嗎？爸爸買給你！』

每個人一生中都有致富的盼望，多數人無法如願，但對中獎卻從來都不放棄。尤其是希望自己是上帝特別眷顧的那一個幸運兒，在多次嘗試後，幸運之神必然降臨。

根據卡尼曼和特佛斯基的研究指出人們做決策時並不是依照客觀機率做依據，個人的判斷往往會受到知覺系統的不同，而有不同的選擇；選擇的決策函數不但不符合機率的公理或貝氏定理；而且個人在對於機率低的事件會有過度重視的現象，當客觀機率很小的時候，主觀機率會大於客觀機率；當客觀機率高的時候，主觀機率反而會小於客觀機率。

- 一個人在一般容易發生的事件或機率很大（但小於一）的事件上，其主觀的價值評價會低於客觀的機率值。也就是對於必然發生的事件，有時會過於忽略。

- 對於發生機率很小的事件，會太過度認爲其發生機率；主觀的評價會高於客觀的機率值。例如樂透彩券 (*lottery*) 彩金累積的熱賣，和行銷人員對事件生動的描述，『跟真的一樣』。

- 如果發生的機率是一，會產生確定效果，讓我們對於確定的獲利，不願意再冒險，傾向落袋爲安，甚至願意付出稍高的代價來規避風險。換句話說，我們常常給予確定的事件過高的機率。例如對於我們很確定的事常聽到，這件事情百分之二百(甚至更高)會發生。

所謂**『天有不測風雲、人有旦夕禍福』**。我們誰都不知道我們在人間的時間到底有多長，所以個人的旦夕禍福不可測，全體的旦夕禍福確有統計數據：生命表。

在精算學中,生命表(也稱死亡率表或精算表)是一個匯總表。其中數據顯示一個人在每一個年齡，他在下一個生日前死亡的概率。這些資料包括: 一個人在每一個年齡，他在下一個生日時生存的概率。人們在不同的年齡的預期壽命(*life expectancy*)，原有出生的一群人(*original birth cohort*)仍然活著的比例，估計原有出生的一群人的壽命特性(*longevity characteristics*)。[1]

然而談到保險，卻又主觀認爲**『自己沒那麼衰』**。也就是自己發生意外死傷或重大疾病的主觀機率遠遠小於一般水準。所以對那些保險業務同仁都嗤之以鼻。

反過來說，我們買樂透就是爲了要中獎。由於廣告效果奇佳，加上媒體對中頭彩的新聞特別誇大處理 (不會有電視台播報『摃龜』的多數人)，讓許多人對中獎充滿了信心。總覺得自己就是上帝特別眷顧的那一個幸運兒。

我們對於很確定的事常聽到誇張的講法 (機率超過100%)，例如：在網路上流傳一組范冰冰的照片，但仔細一

---

[1] 本小段取材自維基百科。

看可能發現有些不同，沒錯他是個男的，網友驚嘆相似度達 101%。[2]

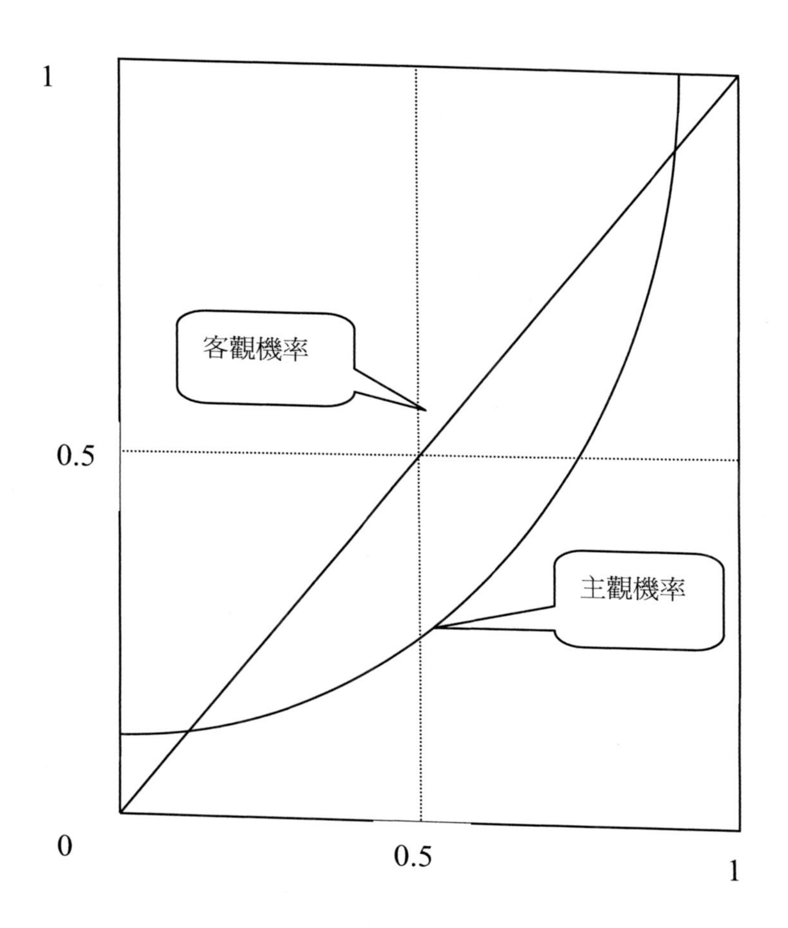

事件發生的客觀與主觀機率

[2] 取材自：YAM 天空新聞，【男版美艷范冰冰爆紅】，2010/1/29。

賺越多越快樂嗎？

台灣俗語說：『輸局因為贏局起，贏是礱糠，輸係米』。我們看到許多有錢人吝嗇，看到有錢人做事愈趨向保守，看到許多有錢人並無快樂，到底財富是資產還是負債？

在投資心理學上，每一個單位的獲利所帶來的效用不同。依照卡尼曼和特佛斯基在 1979 年提出展望理論，一個人在面對獲利的狀況下，他的風險態度傾向於風險逃避，報酬水準越高越明顯。我們可以看到許多人在投資股票賺到一些錢時便急於賣出、落袋爲安。

換句話說，隨著財富水準提高後，個人會傾向於規避風險。並不表示他不喜歡獲利，而是每多一個單位財富所帶來的正效用遞減。（圖中 A、B、C 點的斜率遞減）例如：

- 對一個上班族來說，財富增加 100 萬所帶來的正效用必然高於中小企業老闆多出 100 萬財富所帶來的正效用，又必然比上市公司董事長多出 100 萬財富所帶來的正效用。
- 許多上班族一定記得人生第一份薪資所帶來的快樂，這份快樂恐怕還比目前高薪所帶來的快樂還高。

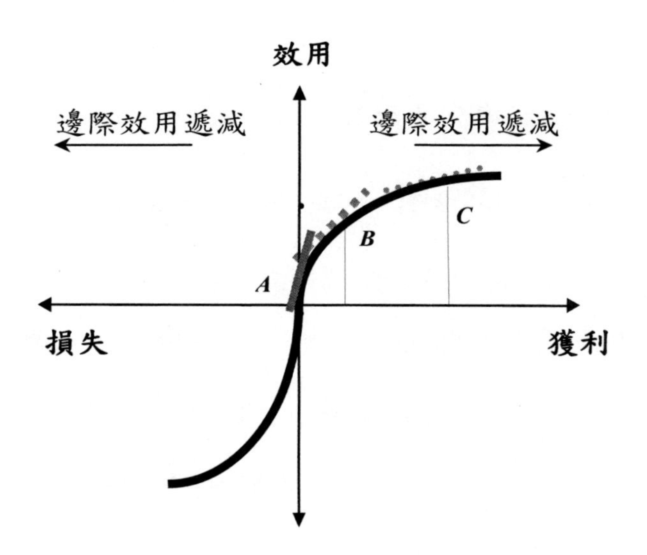

獲利邊際效用遞減

這個觀念如同經濟學中的『邊際效用遞減』，亦如同古諺中：

『一鼓作氣、再而衰、三而竭』

此語源自左傳曹劌篇。在西元前 686 至 685 兩年間齊國王位繼承問題上發生內鬨，魯國出兵支持公子糾爭位，卻被公子小白（即齊桓公）所擊敗。齊桓公即位後，決意派兵攻打魯國以求報復，這就是齊、魯長勺之戰。在這一次的戰役中，魯莊公任用曹劌指揮作戰，曹劌在戰略上採取防禦戰，誘敵深入，待敵疲氣弱之後，再俟機反攻，結果意料之外地打敗了齊國。

在中國戰爭史上，長勺之戰是一場運用謀略著名、以弱勝強的戰役。從齊人三鼓等待到齊軍轍亂旗靡，可見曹劌非偶然制敵。「知己知彼，百戰不殆」，曹劌可以算是知敵勝敵的能手。曹劌掌握兵家攻擊的力道與衝勁在第二輪攻勢後遞減的真相。

在金融商品投資上，投資人對第一個單位的獲利所帶來得效用最高，後續的獲利所帶來得效用依次遞減。例如，當你用 60 元買進台積電後，漲到 61 元所帶來得效用會比 61 再漲到 62 元所帶來得效用高，當然比 65 再漲到 66 元所帶來得效用更高。漲到 61 元所帶來得效用不止是一元的價差，它代表著「開始獲利」。

因此，在一段多頭走勢中爲了防止投資股票賺到一些錢時便急於賣出、落袋爲安，應該設定實際『獲利率』的停利點取代自己的『感覺上』的獲利停利點。

窮寇莫追

好多人投資股票『投機不著蝕把米』，投機便投資。一開始很痛苦，但隨著套牢越來越深，反而沒有感覺了。

已至窮途末路的敵人，不可過分逼迫，以免其反撲拚命。

此話出自孫子兵法【軍爭篇】第四十九章：

故用兵之法：高陵勿向，背丘勿逆，佯北勿從，銳卒勿攻，餌兵勿食，歸師勿遏，圍師必闕，窮寇勿迫。此用兵之法也。

又如【三國演義】第九十五回：

「兵法云：歸師勿掩，窮寇莫追。」

意指不要偷襲敗退回去的軍隊，不要追逐逃亡的敗軍，以防反撲或狗急跳牆。[3]

爲什麼古代許多著名將領會利用人的這個天性來轉變逆境（背水一戰）；一個成功的將領也知道須避免將敵人推到無路可走的境地（網開一面）。

一個人在陷入重大損傷後邊際效用的降低亦處於遞減階段（U(-A)到 U(-B)），因此「再壞也壞不到哪裡去」。所

---

3 取材自：教育部國語辭典 http://140.111.34.46/dict/。

以一個社會如果經濟壞到一定程度時,便出現許許多多「爲了一口飯吃而鋌而走險的」人。

- 許多人搶劫偷錢、鋌而走險只爲了一口飯吃。
- 股票嚴重套牢後已經沒有感覺,再跌也沒關係。

窮寇莫追重點在於把人逼急了也會『狗急跳牆』。『背水一戰』通常讓面臨生死存亡關頭上的人奮死一戰。也因爲面臨生死關頭上的人反撲力量特別大,因此也才有『斬草除根』之說,以免留下後患。

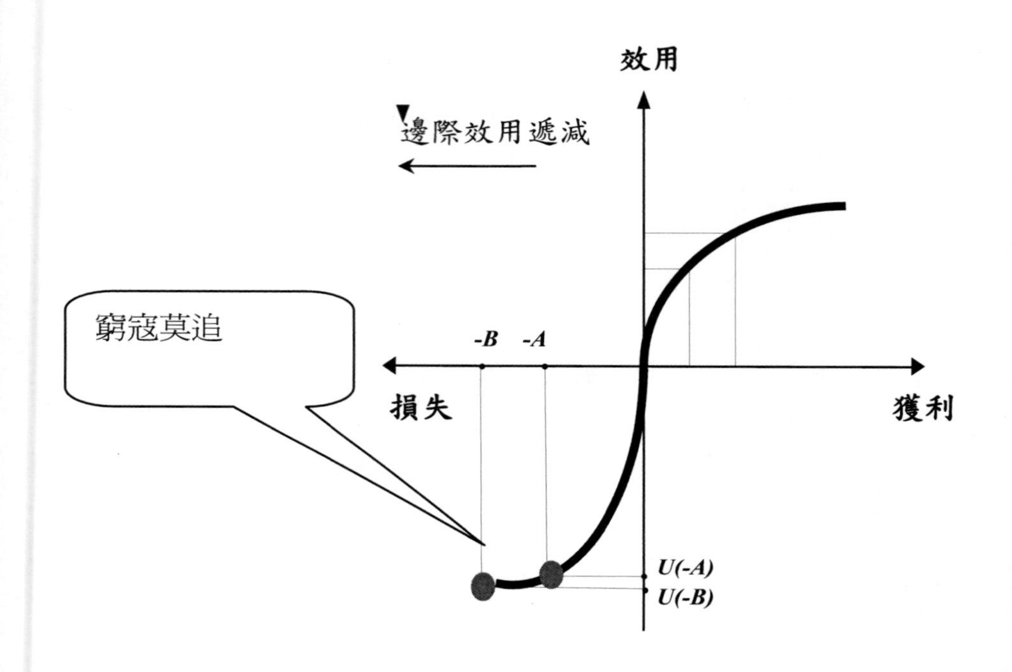

窮寇莫追：效用降低有限

『窮寇再追』常讓敵人試圖玉石俱焚。現實生活中也是如此嗎？許多成功的人士，往往知道要適時的留餘地給別人，因爲人在逆境中那股反抗的爆發力是無法估計的，他們往往會有玉石俱焚的可怕心理。

一般我們在討論效用時通常只考慮到自己效用的變化；然而當我們把對方的效用也放在我方效用函數中一起考量時，所得到的結論可能會有不同。這是『賽局』的基本觀點：我的行爲必須考量到你的反應，做爲我方行爲取捨的基礎。

『玉石俱焚』的石是弱勢（卑賤）的自己，對方爲強勢（珍貴）的玉。當玉石俱焚時，我方報酬的減少（-A 到 -B）和對方相同（C 到 D），然而我方效用的減少（U(-A) 到 U(-B)）卻遠比對方少（U(C)到 U(D)）。

$$[U(-B) - U(-A)] - [U(D) - U(C)] > 0$$

因此對一個採取『玉石俱焚』策略的人來說，其效用是增加的，是正的。台灣有句俗語說：『黑卒仔配紅帥』，意思就是我方用極少的代價換取對方極大的損失，這筆交易絕對划得來。

一般人無法理解，第三世界國家的「人肉炸彈」自殺攻擊的舉動。但是當你從效用角度觀察，便知道爲什麼他們願意「慷慨就義」了。美國紐約雙子星 911 飛機自殺事件就是出自於『玉石俱焚』這個心理吧！

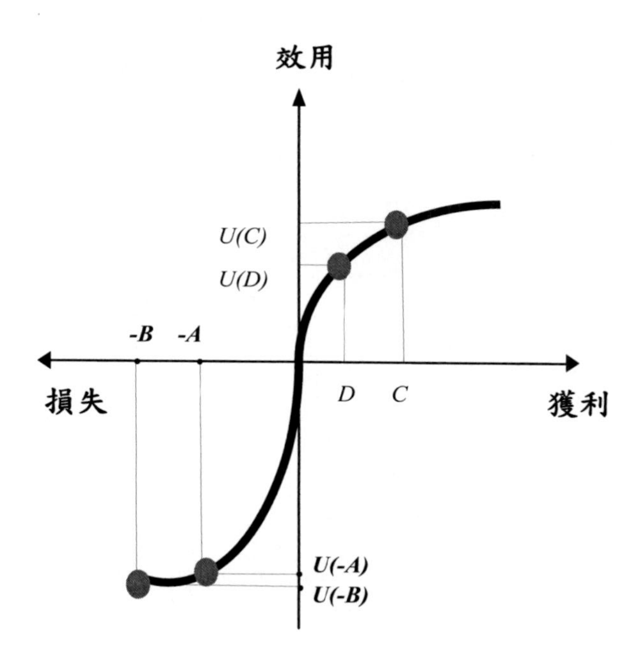

玉石俱焚的效用

錦上添花不如雪中送炭

人在有難的時候需要有朋友幫忙，不需要

成功的時候有一堆人在旁邊吆喝。

論語中有一個故事說，孔子學生公西赤出使齊國，冉有替公西赤的母親請求小米做爲安家之用。孔子說：「給他六斗四升。」冉有請求增加一些。孔子說：「那就再給他二斗四升。」結果冉有竟然給了他八十石。孔子說：「公西赤到齊國去，坐的是肥馬，駕的是華車，穿的是又輕又暖的皮袍。我聽說過：**君子周濟急需而不給富人添富**。」

孔子學生冉有當官，居然「一朝權在手，便把令來行」，不顧老師的意見，一下子給了親密的同學公西赤遠遠超過老師規定指標的安家口糧。然而孔子並沒有爲此而大發雷霆，而只是語重心長地告戒說：「公西赤到齊國去會過得很好，完全有能力負擔他母親的生活，因此，我們沒有必要爲他錦上添花了，而要去周濟那些真正窮困的人，爲他們雪中送炭。」這就是所謂

求人須求大丈夫，濟人須濟急時無。

凡事都有輕重緩急，聖人的心裡是有數的。我們在日常生活當中，遇事又何嘗不應作如此處理呢？

在一件好的事物上再加上更好的事物，不如在有困難需要幫助的時候給予及時的幫助。因爲人通常是只會事情做完別人在來稱讚你，卻很少人會在朋友真正有難的時候，去幫助他。所以一般人相處共享樂易；共患難難。

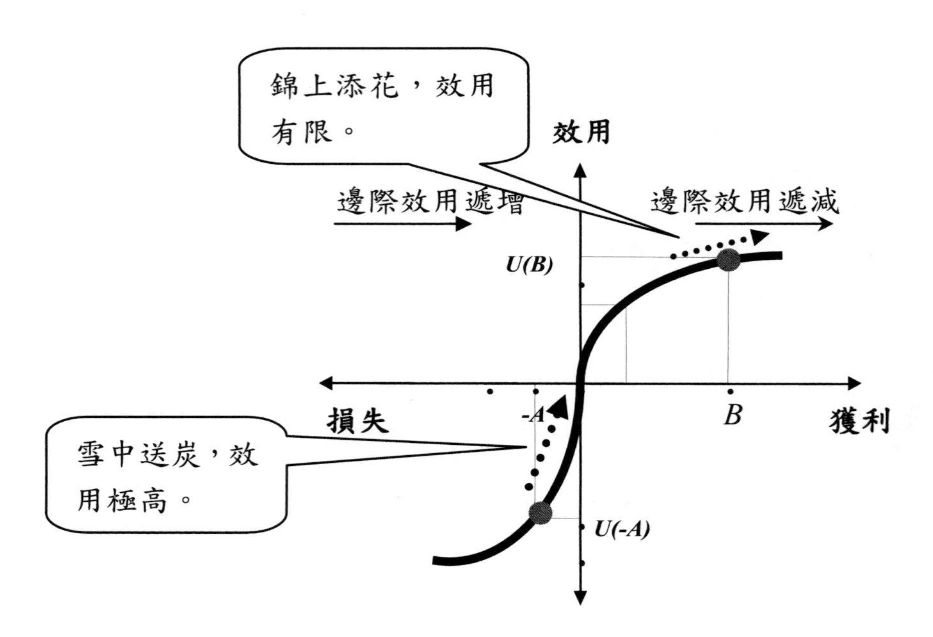

錦上添花不如雪中送炭

在現代工商社會中，資本主義的盛行造就了一些人的財富迅速累積，也讓許多人擠身上流社會。新富與新貧階級相分離已取代從前中產階級爲核心的社會結構與價值觀。

許多人爲了追求榮華富貴竭盡心力，有人爲了脫離貧困奮勇上進。不可諱言的，趨炎附勢已經成爲資本主義下的不可避免的現象。好多人以結交權貴爲榮，甚至於當作是在社會叢林中翻身的必然手段。

扭曲的社會價值觀「笑貧不笑娼」流竄，因此貧窮變的可恥。除非是特殊狀況下，我們的良心才會偶而冒出來譴責自己。如 921 地震、八八水災震撼全台，台灣人的愛心才能突破這層藩籬。如果不是汶川大地震，中國人的愛心又如何能在現實社會中被震出來呢？

多數人喜歡錦上添花，卻不喜歡雪中送炭。然而如果以財務學的角度來看，『錦上添花卻不如雪中送炭』。因爲：

錦上添花（B）的效用增加幅度（U(B)的斜率）不如雪中送炭（A）的效用增加幅度（U(A)的斜率）。因此：

- 在股市上漲時，被套牢股民解套所帶來的高興程度必然高於已經賺到錢的人再多賺一些。
- 減稅對平民百姓效用絕對高於對富人減稅。
- 景氣不好得時候應該更關心眾多平民百姓而非照顧有錢人。強調『庶民經濟』便是這種概念。
- 救房地產市場應該是讓更多人買得起房子，而非讓豪宅炫耀於市。
- 挽救一個失學的人（救他一輩子）會比培養一個高材生（讓他更有成就）效用更大。

救急不救窮

有道是「給他魚吃，不如給他一根魚杆」

給他魚吃，他永遠都處於饑餓狀態；給他

一根魚桿可助他脫離貧困之境。

在現代工商社會中，資本主義的盛行造就了一些人的財富迅速累積，也讓許多人落入新貧階級。高失業率、高通貨膨脹率衝擊著社會，讓許多人不但陷入生活的困境，也讓許多人在社會邊緣徘徊。

貧富的差距的拉大成為資本主義的必然副產品。因此社會福利制度的目的面是在彌補這段空缺，讓中下階層的人也可以受到政府妥善的照顧。

然而各國社會福利預算有限，必需在救窮與救急之間進行取捨：有限的資源無法普渡眾生。到底是要救急還是救窮呢？如果以效用角度來看便一目瞭然。

對一個極度貧窮的人來說，相同的社會福利（-B 到-A）所帶來效用的增加（U(-B)到 U(-A)），遠不如對一個急需一筆社會福利（-A 到 0）便可翻身的人所帶來效用的增加（U(-A)到 0）。

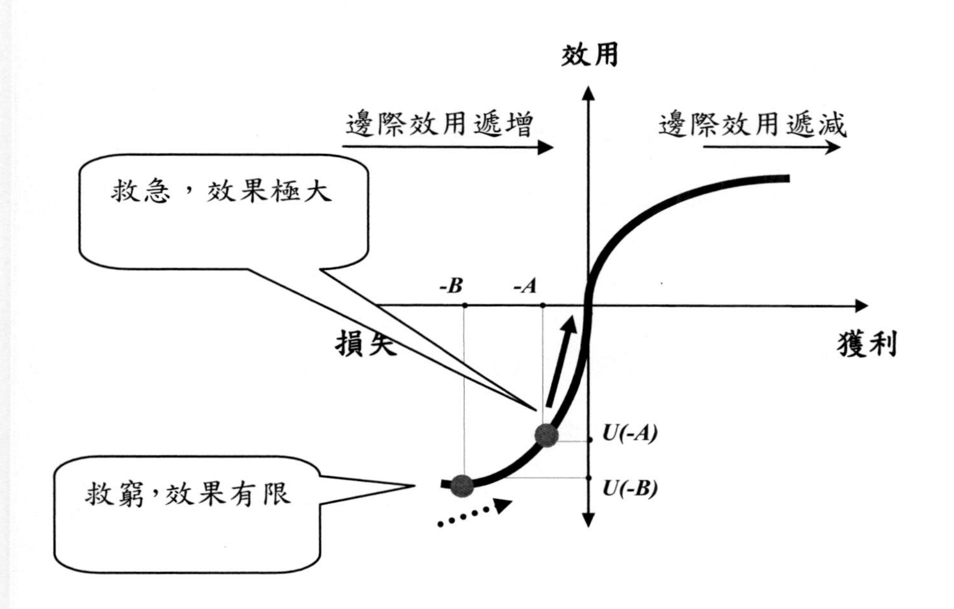

救窮不如救急

社會慈善機關與社會救助機構的本質雖是救窮，而貧窮的本質就在於，在任何一個現代工商社會中，市場經濟與非制度性因素造成的不平等，讓一部分社會成員陷於無法擺脫的貧窮困境之中。即使那些不願意勞動而身陷生活困頓的人，慈善機關也會給予必要協助。

然而在現代社會裡，有些因爲叛逆社會或懶惰不做事的人，成爲乞丐，社福機關或者慈善機構往往都會在不定時給他們提供幫助。這些人有些是經濟衰退下的受害者，有些卻是不願意擺脫困境。

那些只知向朋友伸手的邊緣人，和那些假乞丐何其相似。這些人把好心腸朋友在特殊情況下救急行爲視爲長期應盡的義務。他們習慣地不斷向朋友伸出索取之手，這樣窮朋友結局便是依然貧窮。

救窮助長了這些人的倚賴性，讓他們認爲貧窮有理，在心安理得中無度地索取。若一次滿足，卻不知足；十次滿足，沒有一點難爲情；但若十次中有一次不滿足，可能就翻臉、謾罵。搞得伸手求的似乎不是他們自己，而是援助他們的朋友，真乃無奇不有!

一般認知上，救急只是一時的應變之術；救窮常常助長對朋友或社福機關的倚賴。然而，從財務角度觀察，卻有不同的解讀。

- 社會福利預算應優先給予急用的少數人，而非缺錢的多數人。

- 國民銀行的存在在於協助那些急需用錢的人，其功能與傳統商業銀行借貸給缺錢的人不同。政府不開放國民銀行造就了地下錢莊的興盛。

- 政府的社會政策在於解救社會邊緣人而非試圖解救所有的窮人。老師補救教學的重點應該是那些可能會及格的學生。

- 政府救經濟應該是疏困給那些值得救（有前景）的廠商，而非無限制地疏困所有廠商。

好消息、壞消息（一）

戲劇裡常出現的一句對白：「我現在有一個好消息和一個壞消息。你要先聽哪一個？」什麼是好消息？什麼是壞消息？如果好消息和壞消息參雜在一起要怎麼處理？

什麼是好消息？什麼是壞消息？得要看你的預期在哪裡。我們會因爲事先的預期（*anchor*，定錨點）的不同，而對消息的好壞有不同的解讀。

例如說，假如我們對某家上市公司 A 上一季的營收成長率估計（預期）是 3%，當 A 公司發佈結果是 2.5%時，2.5%的營收成長率便是壞消息。

我們對另一家上市公司 B 上一季的營收成長率估計（預期）是-3%，當 B 公司發佈結果是-2.5%時，-2.5%的營收成長率卻是好消息。所以，

衡量所謂的好消息是夠不夠好；所謂的壞消息是夠不夠壞。

這會因爲我們對它的預期（定錨點）而改變。

依照財務心理學，投資人會把每項投資標的（如一檔股票）開一個心理帳戶，投資人對不同的帳戶會有不同的投資決策稱作心理帳戶。心理帳戶在生活中會把錢分爲不同的用途，但是在投資上會造成錯置效果（錯誤的投資行爲）的因素之一。

財務心理學者泰勒 (*Thaler*) 認爲個人會根據心理帳戶的觀念將各種結果以合併或分開的方式來處理。處理的方式會以價值達到最大爲原則，並提出一個衡量模式，說出個人可能面臨的四種組合：多重好消息、多重壞消息、混合好消息、混合壞消息。[4]

---

[4] Thaler, R. H. (1985) "Mental Accounting and Consumer Choice," *Marketing Science*, 4, 199-214.

我們同時面對兩個事件結果（*outcomes*）時，會將兩個不同的事件結果視為綜合結果(X,Y)。而個人會依據心理帳戶的內隱機制，將綜合結果（*joint outcomes*）以合併 $\nu(x+y)$ 或 $\nu(x)+\nu(y)$分開的方式來處理。處理方式如下：

心理帳戶處理方式的四種組合

結果	事件 A	事件 B	處理方式
多重好消息	＋	＋	分開
多重壞消息	－	－	合併
混合好消息	＋（－）	－（＋）	合併
混合壞消息	＋（－）	－（＋）	不一定

註： 好消息"＋"；壞消息"－"。

- 當多重好消息 A＞0 ， B＞0，因為 $U(A)+U(B) > U(A+B)$ 。因此對於好消息，分開處理效用較大。例如公司有二項利多消息，分開發佈所帶來股價的上揚遠比同發佈效果來得大，宜分開發佈。

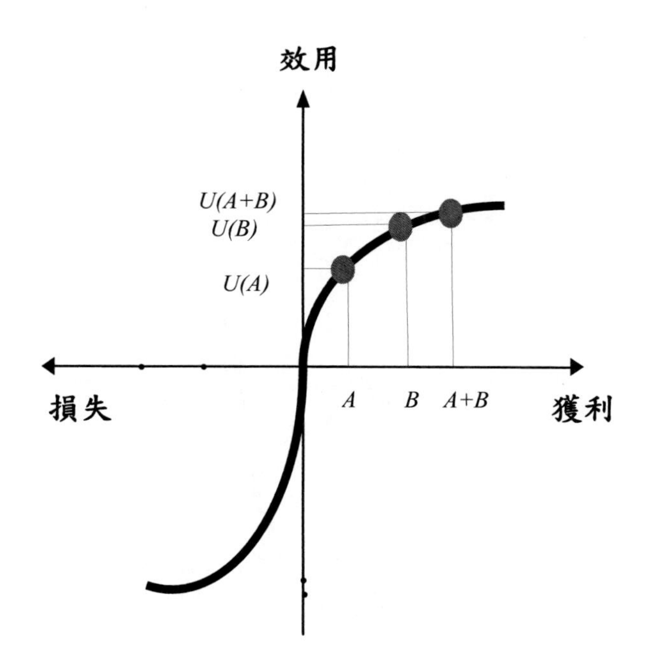

■ 當多重壞消息 A＜0 ，B＜0，因爲 $U(A)+U(B) < U(A+B)$ 。因此對於壞消息，合併處理效用較大。例如公司有二項利空消息，分開發佈所帶來股價的下跌遠比同發佈幅度來得大，宜同時發佈。

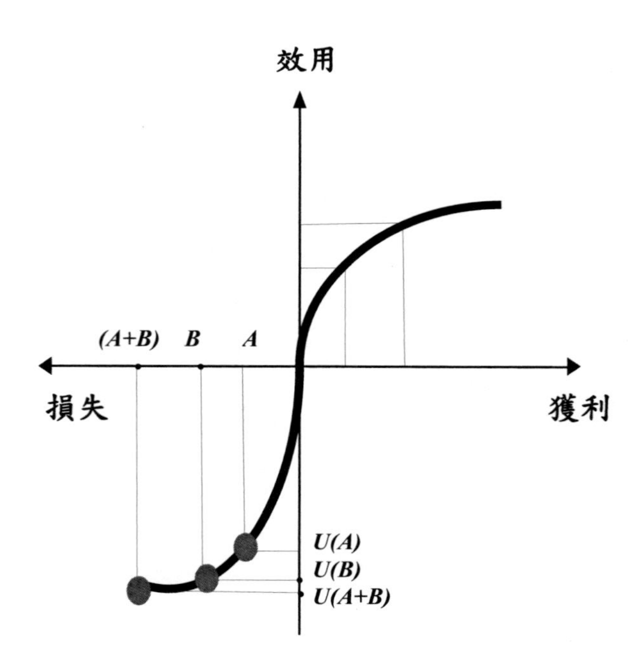

■ 當混合好消息 A＞0，B＜0 假設 A+B＞0。*U(A+B)>0*；但是由於壞消息函數較好消息函數爲陡，*U(A)+U(B)* 可能 *<0*， *U(A)+U(B) < U(A+B)*， 所以合併處理效用較大。例如公司有一項利多與一項利空消息，當利多於弊時宜同時發佈。

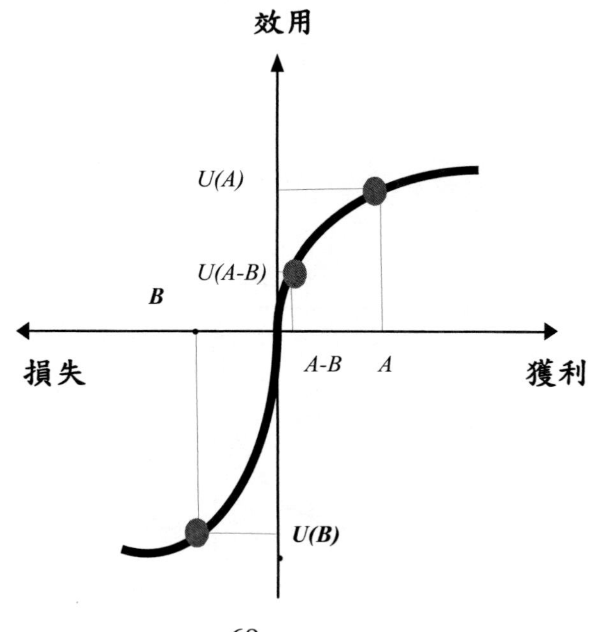

當混合壞消息，A＞0，B＜0 假設 A+B＜0時， $U(A+B)<0$，整體是淨損，則無法判斷，需要多一些假設。

■ 假如好消息和壞消息接近，因為 $U(A)+U(B)<U(A+B)$所以合併處理較好。例如公司有一項利多與一項利空消息，當利小於弊，但有差不多時，宜同時發佈。

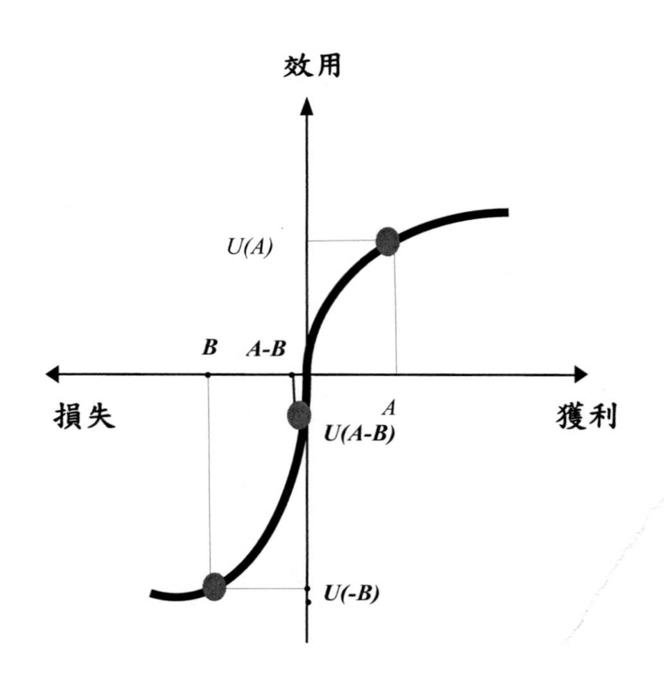

- 假如好消息和壞消息一個是大壞消息，因爲 $U(A)+U(B)>U(A+B)$，則分開處理較好。例如公司有一項利多與一項利空消息，當弊遠大於利時，宜分開發佈。

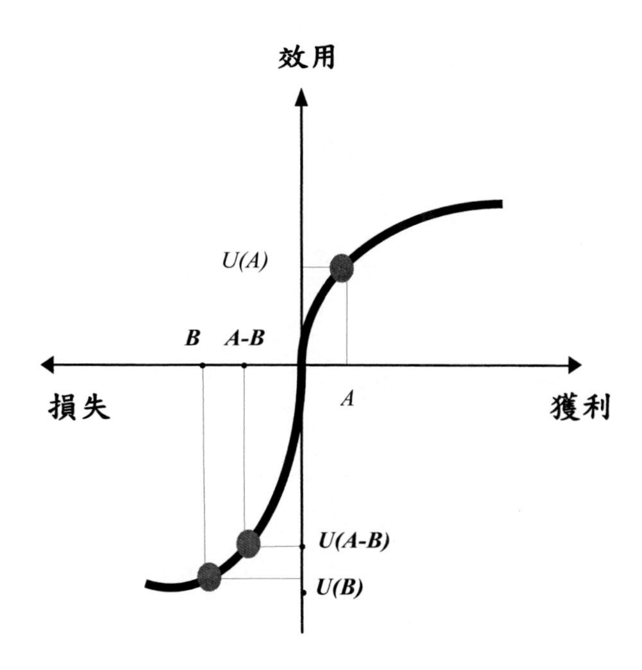

現金價值

世界上最強大的力量

什麼是世界上最大的力量?是原子彈爆發的威力？還是隕石撞擊地球？其實那些都太遙遠了！世界上跟我們最貼近、最強大的力量是：『複利的力量』。

先講個小故事，在 1626 年，尚在英國殖民下的美國人 Minuit 利用價值$24 美元的物品與裝飾品向印地安人把整個紐約曼哈頓島買下來。這個交易聽起來似乎很便宜，但不盡然如此。當時的印地安人如果懂得理財（當然不可能）的話，也可以累積億萬財富。

怎麼說呢？如果當時的印地安人把這份交易所得$24 美元全數投資在年息 10%的投資機會上，持續不斷地話，今天可以累積到多少財富？

從 1626 年到 2010 年總共過了 384 年，以複利計算可超過 188,366 兆美元，計算如下：

$$24\times(1+0.1)^{384} \fallingdotseq 1.88366 \times 10^{17}$$

到底 188,366 兆美元有多大？台灣中央政府總預算一年大約 1.5 兆台幣，夠大了吧？這筆錢可以把整個美國買下來絕對沒有問題。[5]

即使年息只有 5%，經過了 384 年，24 元以複利計算亦可獲得約 33 億美元的終值。

貨幣時間價值就是存在如此強大的震撼力。

台灣有句俗語說：『一人三子，六代千丁』，其意在表達複利的威力。在古代農業時代，有丁斯有財，因此鼓勵生產，如果每個男丁結婚再生三個小男丁，六代就可能繁衍成千丁的聚落了。

借貸是人類邁入工商社會後必然產生的交易行爲，交易商品則是「貨幣」。通常我們把使用貨幣的價格稱爲「利息」。未來回收的本利和便是貸款的未來值。未來值其實便是下列二項所組成：

---

[5] 取材自：張宮熊，2004，【現代財務管理】。

未來值＝現值＋利息

而利息其實由三個主要項目所組成：

- 補償借款期間無法使用的機會成本，稱爲「時間的價格」(price of time)，亦即『真實利率』（real interest）；
- 補償可能違約的風險，稱爲「風險的價格」(price of risk)；
- 補償通貨膨脹（inflation）所產生的購買力減損。

一個國家如果面臨通貨膨脹壓力時，央行通常會以調升利息、回收市場中過度氾濫資金作回應，以抑制通貨膨脹。

我們也可以看到，每個人到銀行去辦理貸款時，協議的利率會有差異。其實，我們生活在同一個環境，所面臨的是同一國家社會，真實利率與通貨膨脹率通通一樣，差別就在於每一個申貸者的違約風險不同。

當你與銀行熟（譬如說你是本行客戶，無違約記錄），你的違約風險低，信用風險的加碼幅度就比較低。因此議定利率就會比較低。

有人說，像信用卡或現金卡的利率爲什麼那麼高不合理。信用卡的申請基本上還有嚴格的審核制度，申請人必須提出還款能力證明；但現金卡隨審隨核，幾乎不分對象，只要過去無不良記錄，通通都會通過。

也因此，現金卡的發卡銀行不但要承受不同程度的違約風險；還要承受不特定對象的呆帳風險，當然必須以較高的利息予以弭補。

假設某銀行授信單位調查，本銀行最高信用風險申貸人適用利率爲 12%；而現金卡呆帳率高達 20%，則現金卡適用整體利率水準應該是 15%：

$$現金卡利率 = \frac{最高信用風險利率}{1-呆帳率}$$

$$= \frac{0.12}{1-0.2} = 0.15 or 15\%$$

審視你的『拿鐵因子』

台灣俗語說：『罔賺卡未散』，意指要珍惜保守每一分賺到的錢財。我們把生活中的一些小額不必要的支出稱為『拿鐵因子』，警示自己勿因惡小而為之。

所謂滴水穿石。有沒有注意到，生活裡看起來不太起眼的小額消費，卻一點一滴的侵蝕著我們的財富。

節儉是美德，但節儉無法造就一個富翁，不節儉卻很容易貧窮。

財富常像是涓涓細流般流逝而不自知。

生活裡看起來不太起眼的習慣性小額消費稱爲『拿鐵因子』。這句話起源於美國的一本書，作者指出，美國人習以爲常地每天喝一杯到二杯咖啡，卻是讓財富慢慢流逝的關鍵因素。其實也不是只有喝咖啡才會造成財富的流逝，任何不太起眼的習慣性小額消費都是『拿鐵因子』。例如許多年輕人每天喝一二杯珍珠奶茶；癮君子每天抽一二包煙，除了有礙健康，也慢慢侵蝕著我們的財富。

假如有一對夫妻每天習慣喝杯街頭咖啡，消費額 100 元（一杯假設 50 元），一個月共計 3,000 元。二十年下來，在月息 0.5%（或換成年息 6%），連本帶利共花掉 138 萬 6

千多元。年金未來值（又稱終值）公式如下：

$$FVA = CF \times \frac{(1+r)^T - 1}{r}$$

$$= \quad 3000 \times \frac{1.005^{240} - 1}{0.005} = 1,386,123$$

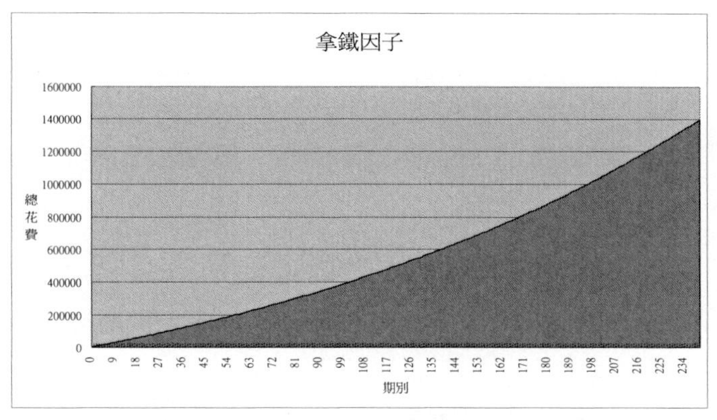

拿鐵因子：每天一杯咖啡的未來值

如果夫妻每天各喝二杯咖啡，則二十年下來，連本帶利共花掉 277 萬多元。如果是買星巴克的咖啡，則花費再加倍達到 554 萬。

如果喝了三十年（30 歲到 60 歲，比較合理），夫妻每天習慣喝杯街頭咖啡，消費額 100 元，連本帶利共花掉 301 萬多元。如果夫妻每天各喝二杯咖啡，則三十年下來，連本帶利共花掉 602 萬多元。如果是買星巴克的咖啡，則花費再加倍達到 1205 萬。足足可以在台北買幢房子，或在高雄買幢店面囉。

這個可怕的結果卻是每天一點點不起眼的小額花費所日積月累所造成的。所謂「積沙成塔、積流成河」的諺語一點都不假。

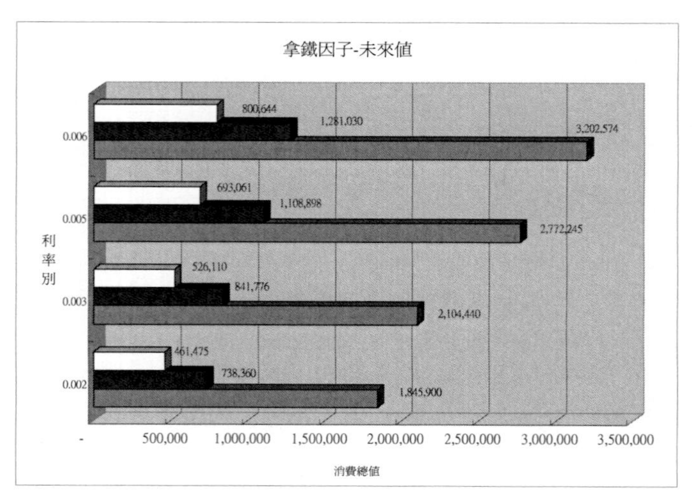

生活中的拿鐵因子—珍珠奶茶、香菸與咖啡

其實生活中的不起眼小額消費之所以被忽略，乃是因爲已經成爲習慣了。我們拿咖啡（每天消費額 200）、香菸（每天消費額 80）與珍珠奶茶（每天消費額 50）來做比較。在月息分別爲 0.2%、0.3%、0.5%與 0.6%情況下，則二十年累積下來，皆所費不貲。以珍珠奶茶來說，分別要花費 46 萬、52 萬、69 萬與 80 萬多元。

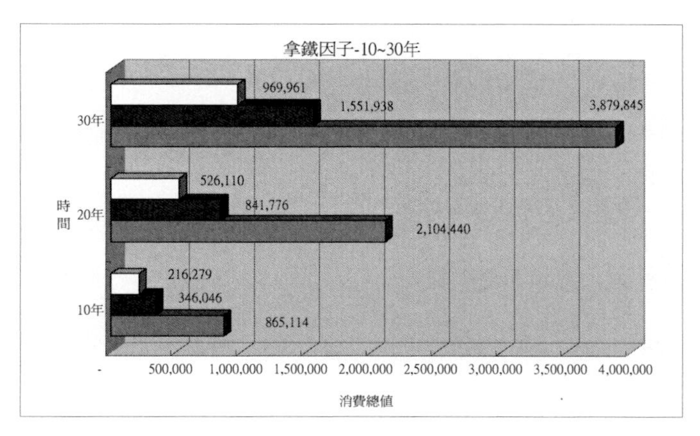

不同時間長度的拿鐵因子

如果花費時間從十年到三十年不等，在月息 0.3%（或年息 3.6%）情況下，則十年、二十年與三十年累積下來，珍珠奶茶、香菸與咖啡的花費都還是非常驚人的。以每天二包香菸 80 元的消費額來說，十年到三十年的消費總額分別達到 34 萬、84 萬與 155 萬多元。

王永慶曾經說過：「你賺的一塊錢不是你的一塊錢，你存的一塊錢才是你的一塊錢。」現在的經濟景氣越來越差，全世界都進入了二低一高的微利時代：低成長、低利率，加上高通膨。

不要小看我們隨手花掉的小錢：可能是一杯咖啡、一包香煙，或週年慶搶購的一件衣服。省下它，就有可能改變我們的一生。爲什麼出現「養不起的未來」？不是收入太少，而是開銷太大了！

活在當下

台灣俗語說：『一千欠，毋值八百現』，意指確定在手上的錢勝過不確定的外來錢財，易言之，要珍惜目前所有的。活在當下不只是一種生命的態度，更是一種生命的能力與能量。

先看一則小故事。[6] 在北歐一座教堂裡，有一尊大小和一般人差不多的耶穌被釘在十字架上的受難像。因爲有求必應，因此專程前來這裡禱告的人特別多。

這所教堂裡有一位看門的人叫阿南，看著十字架上的耶穌每天要應付這麼多人的要求，阿南覺得於心不忍，他希望能分擔耶穌一些的辛苦。有一天他祈禱向耶穌表明這份心願。很意外地，阿南聽到一個聲音來自十字架上，說：「好啊！阿南。我下來爲你看門，你上來釘在十字架上。但是，不管你看到什麼、聽到什麼，一句話都不能說。」

阿南覺得這個要求很簡單就滿口答應了。於是看門的阿南就上去，像耶穌被釘在十字架般地伸張雙臂，來膜拜的群眾也不疑有他，阿南依照先前的約定，靜默不語，聆聽著信徒的禱告。

往來的人潮絡繹不絕，他們的祈求爭有合理的，當然

---

6 取材自：http://www2.lssh.tp.edu.tw/~lib/share/now.htm 。

也有不合理的，千奇百怪不一而足。但無論如何，阿南都強忍下來而沒有應答，因爲他必須信守先前對耶穌的承諾。

有一天來了一位富商，當富商禱告結束離去時，竟然忘記手邊的錢放在教堂中。阿南看在眼裡，很想把這位富商叫回來，但是，他忍住憋著不能說。接著來了一個三餐不繼的年輕窮人，他祈禱耶穌能幫助他渡過難關。當這個窮人要離去時，發現先前富商留下的袋子。當他打開，發現袋子裏面全是錢時，窮人高興得不得了。他想，耶穌真是好，真的有求必應，萬分感謝地離去了。十字架上偽裝耶穌的阿南看在眼裏，很想告訴他說：這不是你的錢。但是，和耶穌約定在先，他仍然憋著不能說。

過些天，有一位要出海捕魚的年輕漁人來到教堂，他來祈求耶穌賜給他一路平安。正當要離去時，先前的那位富商衝了進來，抓住年輕人要他還錢，年輕漁夫不明究理，兩人吵了起來。就在這個時候，十字架上偽裝耶穌的阿南終於忍不住開口說話了……。把事情清楚後，富商便去找阿南所形容的那位窮人，而年輕漁夫則匆匆離去，生怕搭不上船。

偽裝成看門的耶穌出現，指著阿南說：「你下來吧！你沒有資格在那個位置了。」

阿南一臉委曲說：「我把真相說出來，主持公道，難道也錯了嗎？」

耶穌說：「你懂得什麼呢？那位富商並不缺錢，他那一袋錢只不過是用來享受的；可是對那一個窮人來說，卻可以挽回他一家生計；最可憐的是那個年輕漁夫。如果富商一直纏著他，延誤了他出海的時間，他還能保住一條性命，但現在他所搭乘的船正沉入暴雨籠罩的大海當中。」

這是一個很有義意的寓言故事，它透露出：在現實生活中，我們常自認爲怎麼樣才是最好的，但常事與願違，常讓我們抱怨老天不公平。其實，我們必須堅信：目前我們所擁有的，不管順境也好，逆境也罷，都是上蒼對我們最好的安排。若能如此，我們才能在順境中感恩，在逆境中依舊心存喜樂。心理學大師『馬斯洛』說過：

心若改變，你的態度就跟著改變；

態度改變，你的習慣就跟著改變；

習慣改變，你的性格就跟著改變；

性格改變，你的人生就跟著改變。

宋儒范仲淹曾言：

不以物喜，不以己悲

在順境中記得感恩，在逆境中依舊心存喜樂，認真地活在當下。

其實，如果以財務的角度來分析，當『活在當下』的現值（CF_0）大於活在未來各期價值的現值總合（PV_0），就應該珍惜『活在當下』：

$$CF_0 > PV_0 = \frac{CF_1}{1+r} + \frac{CF_2}{(1+r)^2} + \cdots$$

從上式中可以理解，當不確定性(uncertainty)愈高時折現率 r 會愈高，未來各期價值的現值總合（PV_0）就愈小。或者是時間 T 預期愈短，未來各期價值的現值總合（PV_0）也就愈小。當未來各期價值的現值總合（PV_0）就愈小時，就應該「活在當下」。

或者當我們珍惜現在所擁有的，活在當下的價值愈高，不管未來的現值總合如何，就應該活在當下。

常聽人說：『人生不如意的事十之八九』。因爲快樂只是一種感覺，感覺容易升起，更容易消失。所謂：得之容易，失亦快。

人生無常，只有成爲現在價值的主導者，才有可能成爲快樂的主導者。當我們能夠成爲感覺與情境的主導者，就不會被過去的記憶所綑綁。不會被現在的際遇所操弄、不被未來的期望所拘束，才能得到喜樂與平安。

聖經【傳道書】說：

『虛空，人生一切都是虛空』。

其實人生的快樂與否就在那一念之間，來自物質的快樂無法持久；來自心靈的快樂才是永恆。當我們不被過去、現在與未來所限制，脫離了時間的記憶對我們的牽絆與干擾。領悟到生活品質由自己做主、由自己決定、由自己創造，這個做主的能力，就叫做『當下』。如果能用這種做主的方式過生活，就是『活在當下』。

半導體教父張忠謀說過一個小故事。有一次朋友送他一個小擺飾，上頭寫著「不思八九」。意謂著人生不如意的事十之八九，不去想太多就能多些快樂。張忠謀後來又在上頭添加上一句，成爲一付對子：『不思八九、常想一二』。如果「不思八九」是被動的不要不快樂，那麼「常想一二」便是主動的追求快樂了。

一日不見，如隔三秋

思念一個人可以茶不思飯不想，思念一個人可以想到白頭而不悔。思念可能是一種親情或是一種愛情，我們嘗形容一個人思念一個人到『一日不見，如隔三秋』的地步。

我們形容一個人如果思念一個人到『一日不見，如隔三秋』的地步，想必他(她)的心裡層次受到的折磨很難言喻。我們若以材務學的角度切入，或許可以領悟到一二。

日子不好過時通常會脫口而出說：哎，真是度日如年。日子不好過可能是指：等待一個重要的訊息 (金榜題名、買方訂單)、等待一個重要的人 (接待一個重要的貴賓)、等待漫長的日子 (坐牢的日子) ；也有可能是在一極短時間卻難熬的日子。我們用金錢價值來討論此一心理涵意。

『度日如年』意指：過一天如過一年般的長。比喻日子不好過。此語起源於元・鄭光祖【老君堂】第二折：

俺如今度日如年，遭縲絏心中嗟怨，悔不聽賢相之言。

金瓶梅˙第十六回：

到你家住一日，死也甘心。省的奴在這裡度日如年。亦作度日如歲。

假如正常的日息為 r，年息為 i，所謂『度日如年』以現值觀念來看便是：

$$\frac{CF}{I+i}=\frac{CF}{(1+r)^{365}}$$

$$1+i=(1+r)^{365}$$

$$i=(1+r)^{365}-1$$

假設在年息為 3%情況下，『度日如年』的複利年利率高達 4,848,200%。

$$i=(1+r)^{365}-1=(1+0.03)^{365}-1\cong 48482$$

也就是說，一個人若在『度日如年』的狀況下，其心理壓力指數高達 4,848,200%，是一般人的 1,616,067 倍。

再如『一日不見，如隔三秋』

此語原來源自：詩經中王風所著的【採葛】。

一日不見，如三月兮！彼採蕭兮。

一日不見，如三秋兮！彼採艾兮。

一日不見，如三歲兮！

這是男子思念熱戀戀人的詩句，它代表的是一種欲見卻見不得的時間壓力。

假如正常的日息為 r，三年息為 i，所謂『一日不見，如隔三秋』可以用二種角度觀察，若以現金價值觀念來看便是：

$$(1)\quad \frac{CF}{(1+i)^3}=\frac{CF}{(1+r)^{365*3}}$$

$$i=(1+r)^{1095}-1$$

在年息為 3%情況下，一日不見如隔三秋的複利年利率高達 11,400,000,000,000,000%，是一般人的 3,800,000,000,000,000 倍 (3800 兆)。可見壓力之大非常人所能忍受。

$$i=(1+r)^{1095}-1=(1+0.03)^{1095}-1\cong 1.14\times 10^{14}$$

另外，若以等值的現值觀念來看便是：

(2) $\mathrm{PV}=\dfrac{CF_1}{1+i}=\dfrac{CF_1}{(1+r)^{1095}}$ ，

它代表的是一種欲得卻無法得到的時間壓力。

$CF_1=PV\times(1+r)^{1095}$

假設在原始價值為 100 元狀況下，一日不見的『機會損失』高達 11 兆 4 千億元：

$\mathrm{CF}_1=\$100\times(1+0.03)^{1095}=\$11{,}400{,}000{,}000{,}000{,}000$

此一代價何其大呀！

時間相對論

愛因斯坦有句名言：『坐在火爐前，一分鐘如同一小時；坐在漂亮小姐前，一小時如同一分鐘』，這便是有名的『時間相對論』。

有人說老天爺是公平的，因為每個人每天都擁有 24 小時，這是客觀上的看法。然而一樣擁有 24 小時，每個人的成就卻大大不同。一樣是一小時，有人渾渾厄厄的消磨過去，有人卻可以過得充實喜樂，這便是時間相對論了。

我們用現金價值來觀察愛因斯坦的『時間相對論』，為什麼『坐在火爐前，一分鐘如同一小時；坐在漂亮小姐前，一小時如同一分鐘』？從現金價值可以得到答案。

坐在火爐前，一分鐘如同一小時

若一分鐘折現率為 r，一小時折現率為 i，所謂『坐在火爐前，一分鐘如同一小時』以現值觀念來看便是：

$$\frac{CF}{1+i} = \frac{CF}{(1+r)^{60}}$$

$$i = (1+r)^{60} - 1$$

在一分鐘折現率為 1%情況下，『坐在火爐前』的複利利率高達 81.67%，是一般情況下的 81.67 倍，可見壓力相當的大。

坐在漂亮小姐前，一小時如同一分鐘

$$PV=\frac{CF_1}{1+i}=\frac{CF_1}{(1+r)^{60}}$$ ，

它代表的是一種欲得卻無法得到的時間壓力。

$$CF_1=PV\times(1+r)^{60}$$

假設原始價值(看一般小姐的價值)為 10000 元，在一小時折現率為 10%情況下，坐在漂亮小姐前的『機會成本』將高達三佰多萬元 (3,044,816)：

$$10,000\times 1.1^{60}=3,044,816$$

『海枯石爛，永世不渝』可不可能？

自古以來堅貞的愛情故事盪氣迴腸，中國的七世夫妻、西洋的羅蜜歐與茱麗葉的愛情故事總讓人傳頌不已。『海枯石爛，永世不渝』成為男子追求姚佻淑女的最高級說詞。

「海枯石爛」係由「海枯」及「石爛」二語組合而成。「海枯」是出自唐・杜荀鶴【感寓詩】，這首詩是晚唐詩人杜荀鶴對人心難測有感而發，他認爲海乾枯了，終有見底的一天，而人一直到死都很難了解他們的內心。

「石爛」則是出自唐・杜牧【題桐葉】詩，這首詩是唐代詩人杜牧重遊故地時引發的感傷，用石頭風化粉碎、松木變成柴火表示時間推移、世事無常。

後來這二語被合用成「海枯石爛」，形容歷時長久、意志堅定。如金・元好問【鷓鴣天・顏色如花畫不成】〉詞：

雲聚散，月虧盈。海枯石爛古今情。

又【西樓】曲：

海枯石爛兩鴛鴦，只合雙飛便雙死。[7]

---

[7] 資料來源：[教育部國語辭典] http://dict.idioms.moe.edu.tw/pho/fyc/fyc01075.htm

我們嘗試用財務的觀點來應證愛情的『海枯石爛，永世不渝』是否可能成立。所謂『海枯石爛，永世不渝』意指不管時間流逝，愛情的現值 (CF_0)不曾改變，用現金價值的角度來看，便是：

$$CF_0 = \frac{CF_1}{1+r} = \frac{CF_2}{(1+r)^2} = \cdots = \frac{CF_T}{(1+r)^T}$$

兩種情況讓『海枯石爛，永世不渝』成立：

(1) 若 $CF_0 = CF_1 = CF_2 = \cdots = CF_T$

則 r =0, 折現率爲 0。

亦即愛情沒有貨幣時間價值差異。

這世界上，大概只有宗教的力量有此特質，堅貞的愛情也是有可能的。

許多人可以朗朗上口的聖詩「奇異的恩典」(*amazing grace*) 將此一情況形容地非常貼切 (基督徒認定它應該適

用於折現率=0 的狀況）：

當我們已經來到此地十年

如同陽光的閃耀般

我們歌詠上帝的日子，並沒有少於我們最初到此時。

(2) 若 CFt 不同，而且存在現金價值的觀念，亦即 $r>0$

則讓『海枯石爛，永世不渝』成立的條件是：雙方愛情愈來愈情深意重

$$CF_1 = CF_0 * (1+r)$$

$$CF_2 = CF_0 * (1+r)^2$$

$$CF_T = CF_0 * (1+r)^T$$

所以洋人對結婚周年特別重視。結婚 1 周年、2 周年、5 周年、10 周年分別稱爲紙婚、布婚、木婚、錫婚；但結婚 20 周年、30 周年、50 周年、60 周年分別稱爲瓷婚、珍珠婚、金婚與鑽石婚，可見愛情也是會增值的，而且是大大增值。

『邪不勝正』真的還是假的？

許多的戲劇都要強調「邪不勝正」。但生活中總覺得好人遍嘗苦頭、受盡考驗，壞人卻吃香喝辣、耀武揚威。到底「邪不勝正」是真的還是假的？我們從金錢價值觀念來剖析。

有一齣戲叫做『把愛傳出去』，劇情動人落淚。愛的力量真的勝過恨的力量嗎？先看個小故事。[8]

二次大戰期間，東歐的小國羅馬尼亞遭到蘇聯的入侵，許多平凡老百姓生活在高壓統治之下，並受到極度迫害，常常無緣無故就被嚴刑拷打、甚至於關入牢房。

監獄裡的環境非常糟糕，獄中的伙食，每天只有一碗和水沒有兩樣的菜湯，另外就是每人每週可以多拿到的一片吐司麵包，這是唯一能維持體力的食物。好多人染上各樣疾病，性命垂危。

某一天，牢裡來了一個新的囚犯，曾引起一陣騷動！原來，這名囚犯是爲求自保，不惜出賣同胞，以換取自己安全的叛徒；結果不知何故淪到自己被出賣而被關入獄中，他已經被折磨得不成人形，奄奄一息地倒在黑暗的角落裡。

---

[8] 本故事取材自『一片麵包的故事』，蒲公英月刊，2009 年 4 月。

同一牢獄中的人紛紛對他投以怨恨的眼神，沒有一絲同情，甚至在經過他身邊時對這個出賣同胞的傢伙啐了涶沫！

有一個曾經被他陷害，以致被嚴刑拷打到體無完膚的男子緩緩走向他，大家都等著看這個可憐的賣國賊怎麼被報復。沒想到，這名男子竟拿出了一片珍藏的乾麵包，遞給這名叛徒；並用傷痕累累的手，拍了拍這個叛徒的肩膀說：「吃吧！我想你餓了。」當這名賣國賊看見麵包時，立刻痛哭失聲…！男子再沒說什麼便轉身離開了。

「你爲何要這麼做！」有人追上去問。

只見這位以德報怨的男子眼神堅定，平靜的說：「他的行爲已得到應有的懲罰，不須要我再去做任何評判；但是對我自己而言，身在獄中已是不幸，我不願意我的心靈同樣被仇恨所囚禁！所以我選擇了寬恕，這帶給我莫大的心靈自由！」

寬恕不只是單純地原諒對方，更是釋放了自己。當我們的心不再爲忿恨、怨嘆、苦毒…所充滿的時候，自然就有空間能夠容納更多的喜樂、平安，以及上帝無盡的愛。

假設現在有二個人，一個叫做小愛，另一個叫做小愁。上帝各給他們一塊錢，小愛展現愛的力量，每期都可以生出 1%的利息；小愁卻是發出他愁恨的力量，每期都減少 1%的本金。這看似相互抵銷的二股力量，其實不然。

我們觀察小愛與小愁一塊錢後續的發展，一期後，小愛擁有本利和爲 1.01 元；而小愁則剩下 0.99 元；五期後，小愛擁有本利和爲 1.051 元；而小愁則剩下 0.951 元；十期後，小愛擁有本利和爲 1.105 元；而小愁則剩下 0.904 元，依此下去，到了 100 期後，小愛擁有本利和爲 2.705 元；而小愁則剩下 0.366 元；200 期後，小愛更擁有本利和爲 7.316 元；而小愁則剩下 0.134 元。

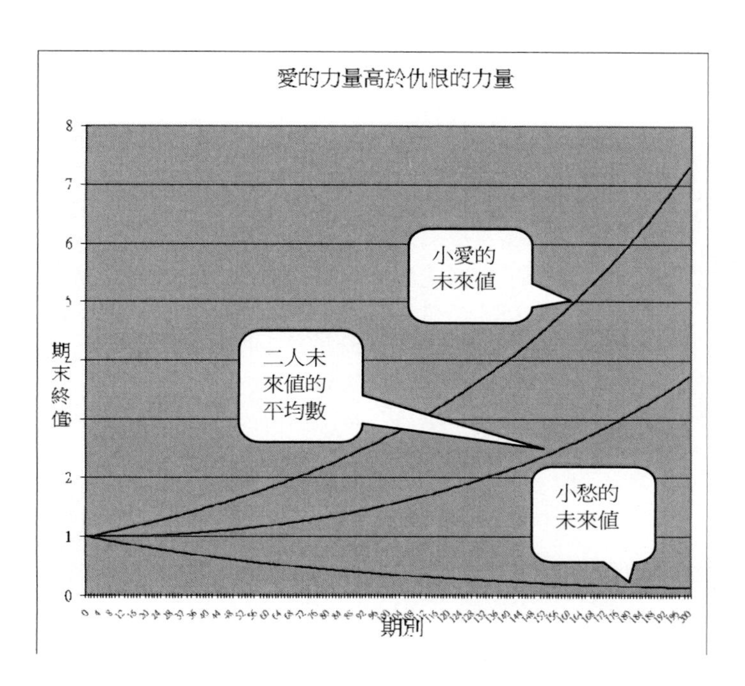

期數	1	5	10	20	50	100	200
愛的力量	1.010	1.051	1.105	1.220	1.645	2.705	7.316
恨的力量	0.990	0.951	0.904	0.818	0.605	0.366	0.134
(愛+恨)/2	1.000	1.001	1.005	1.019	1.125	1.535	3.725

我們把小愛與小愁的每一期本利和加起來除以 2 求取平均值，可以發現前十期平均數仍與 1 沒多大差異，但是當時間一久此一平均數便遠遠脫離了原本的一塊錢。例如在 50, 100, 與 200 期後，平均值分別是 1.125, 1.535 與 3.725。所以我們證明了愛的力量真的勝過恨的力量。

爲什麼錯誤的決策
比貪污還可怕

大型的公共建設效益期間相當久又不可逆，硬體完工後又需編列軟體管理預算，即使知道政策錯誤卻又必須為錯誤決策編列後續修正預算。故總統蔣經國說過的一句名言：「錯誤的政策，比貪污還要嚴重」已經應驗了。

故總統蔣經國曾經說過一句名言：「錯誤的政策，比貪污還要嚴重。」以後許多政客與政論家都引用這句話來批評執政當局。

公共決策錯誤之無法容忍，是因爲它涉及龐大的經費，以及它所產生的多重後遺症。對一個錯誤的公共政策而言，會產生五個嚴重的後果：[9]

- 誤用國家有限的資源及人民可貴的託付。
- 錯置施政優先次序，產生排擠效果，難以彌補。
- 與主流民意違背時，製造社會的不安與對立。
- 浪費了推動正確施政的「時間」，以及錯失追回的「機會」。
- 傷害了政府的誠信，以及人民對誠實納稅的期望。

[9] 取材自：高希均：【嚴重質疑 6108 億軍購的必要性】。聯合電子報，2006/11/27。

一個成熟的在民主體制下，公共政策可以經過理性辯論凝聚共識，如果在野黨及輿論界發現了執政黨重大的決策錯誤，就會追查政治責任並敦促重要官員的下台，甚至造成日後執政黨的垮台。因此，在這種基礎上，沒有一位部會首長對重大政策敢草率地決定、魯莽地推動。

如果用財務的淨現值來看便容易了解「錯誤的政策，比貪污還要嚴重。」的義意。

對一個錯誤的政策來說，誤用有限的資源（金錢與寶貴時間），假若影響時間有 k 年，則這個錯誤的政策其負的淨現值爲：

$$PV_k = \sum_{t=0}^{k} \frac{CF_t}{(1+r)^t} = \frac{CF_1}{1+r} + \frac{CF_2}{(1+r)^2} + ... + \frac{CF_k}{(1+r)^k}$$

對一個單一的貪污(*corruption*)案而言，通常是一筆金錢。假若是 PV_c。

$$PV_k > PV_c$$

的可能性太高了，尤其是大型的公共建設效益期間相當久又不可逆，硬體完工後又需編列軟體管理預算，即使知道政策錯誤卻又必須爲錯誤決策編列後續修正預算。

70 年代的台灣民主剛起步不久，中央政府在國庫充盈的狀況下以齊頭式平等方式補助許多地方預算。如各縣市的「文化中心」許多早就成爲「蚊子館」；80 年代爲應付暴增的小客車停車問題，補助各地方政府所蓋的停車場亦多廢棄 (蓋在不可能停車的地方)。

80 年代所開放的金融業與私立大學院校設立以符合當時的產業(人民)需求，在跨入 21 世紀後果然嘗到惡果。前者陸續進行兩次金融改革，不知道動用多少公帑善後，還牽扯出動搖國本的貪瀆案。後者在人人都有書念的理想下讓台灣的大學教育品質堪慮。

蔣經國的名言：「錯誤的政策，比貪污還要嚴重。」

已經應驗了。依理說，一個成熟的在民主體制下，會因爲人民與在野黨的有效監督而減少錯誤，但爲什麼在民主制度監督下，台灣的公共政策品質卻每況愈下？因爲台灣的民主制度發展畸型化，凡事不是讓國家價值極大化，而是一味地牽就貪婪不足的少數百姓與處處杯葛的反對黨(高官爲了 8 元的手續費丟官是真失職還是討好民眾？)，造就政府高官無能、文官官僚僵硬 (請詳見本書最末篇：政治三問)，政策錯誤百出，把預算都花在討好選民或特定企業上，形成了分贓政治。

如果少數人受害還好，近年來的決策荒腔走板到無法言喻。如堪稱世紀 BOT 的台灣高鐵爲例，台灣高鐵營運後成功地把航空業逐出國內交通業、讓台鐵經營更加困難，卻落得自己虧損累累(到 2009 年止已虧掉 80%資本額)，民眾抱怨連連。產、官、民通通是輸家，也算是一個台灣奇蹟了。

投資

錢要怎麼存？

存錢應該是多數人共同的經驗。我們一輩子都在跟銀行打交道，把錢存到銀行是財富的增加，但也必須考量到流動性的問題。錢該怎麼存才好？

金融商品基本上可區分爲五大類，分別爲：投機型；成長型；收入型；保本型 (流動性、安全性高) 商品；風險管理型商品。這些商品的報酬率，會受到景氣週期、利率波動，甚至幣別強弱的影響。其中儲蓄是亞洲國家居民的首選。

某人壽公司在 2009 年 12 月針對亞洲七個國家地區、三十五到六十五歲的三千五百多位民眾(每個地區國家平均 500 位受訪者)，進行理財行爲調查。結果顯示，八成四的台灣民眾認爲存款不足而缺乏安全感，位居亞洲最高；其中六成四的台灣民眾有存款，但是自認爲存款不足，和南韓的比例相近，僅次於中國的六成九；另外兩成台灣民眾完全沒有存款，位居亞洲第二，僅次於香港的兩成四。

該調查指出，台灣民眾每個月的收入有三成七放在儲蓄上面，包括現金、投資、買保險或存在年金中；儲蓄的主要目的則是未雨綢繆、以及保障退休後的生活；四成七的台灣民眾仍然擔心失業，六成一的韓國民眾最擔心存款不夠應付退休的生活所需。[10]

其實，理財規劃應依照自己年齡層進行，選擇兼顧安全性及成長型金融商品才算成功的理財。

至於投資人的年齡層可分爲四個等分：成長期：0 至 25 歲；耕耘期：26 至 45 歲；收成期：46 至 65 歲；與退休期：66 歲以後。

年齡位於成長期的投資人是剛踏入社會的新鮮人，沒有家累，「一人吃飽全家飽」。在選擇金融商品上可以嘗試追求高報酬、高成長的金融商品。不過，這段時間也是繳學費學工夫的時段，因而此時應該先多充實理財知識，奠立理財知識基礎。

年齡位於耕耘期時，投資工具可以考慮成長型股票和房地產。以目前台灣的生產事業中，電子、網路及通訊商

[10] 資料來源：中廣新聞速報，2010/2/8。

品已經在跨世紀間獨領風騷，可以長期持有資產結構佳及獲利狀況率較佳的高科技電子業股票，或具前瞻性的房地產。

至於收成期的金融商品，宜避免承擔較高風險，以增值為投資主要考量。例如：債券、短期票券、貨幣基金、債券基金、銀行存款等，兼顧收入和保本。但在利率走低時，收成期的理財商品，可以考慮在投資組合中加入 10%至 20%的績優股票及部分成長型股票。

位於六十五歲以上的退休期，理財以保值和節稅為主。例如購買無記名公債給子女，避免贈與稅，銀行存款採取平均存款法，或者購買貨幣型基金及債券等，高風險商品中，僅適合績優型股票，持有率宜占總資產的 10%以下。據國內知名人力銀行與理財雜誌所做的調查顯示，台灣主管級受訪者認為預設退休金平均額度為 2413 萬元，管理退休金，最常使用工具依序為基金（48.31%）、活存／定存（45.92%）與保險（42.74%）。

不管是什麼年齡層，每個人都會有存摺，差別是裡頭存了多少錢？而定存是多數人都擁有的投資管道。定存雖好，可以享受到較高的實質利息，但可能犧牲了「流動性」。

介紹一個同時兼顧獲利性與流動性優點的定存方法。我們稱為「移動平均存款法」。

「移動平均存款法」是存款人在資金存入的第一天，就先把存款分為兩等分，一部份（A）存入半年期定存，另一部份再分成二等分，分別存一年期（B1）、二年期的定期存款（B2）。半年後，當半年定期存款（A）到期時，也同樣分成二等分，分別改存一年期（A1）及二年期的定期存款（A2）。

以後，每隔半年會有一筆定期存款到期，存戶再展期續存二年期定期存款。如此一來，存款人可確保每半年有一筆二年期定存款到期。一般而言，長期間定存利率曲線還是往上的趨勢，存戶不至於有存入期間愈長，利率卻較低的風險，並且由於到期日散在不同的落點，存款人的稅負也可以減輕，充分運用所得稅法上的儲蓄特別扣除額，不必集中在同一年繳納稅款。「移動平均存款法」的優點包括：

- 保有每半年就有一筆定期存款到期的流動性。
- 享有二年期定存的獲利性。
- 利息收入落在不同度，分散課稅負擔。

當然，如果要要操作的更精緻，讓資金流動性更高，可以依需要再將期間縮短爲一季。

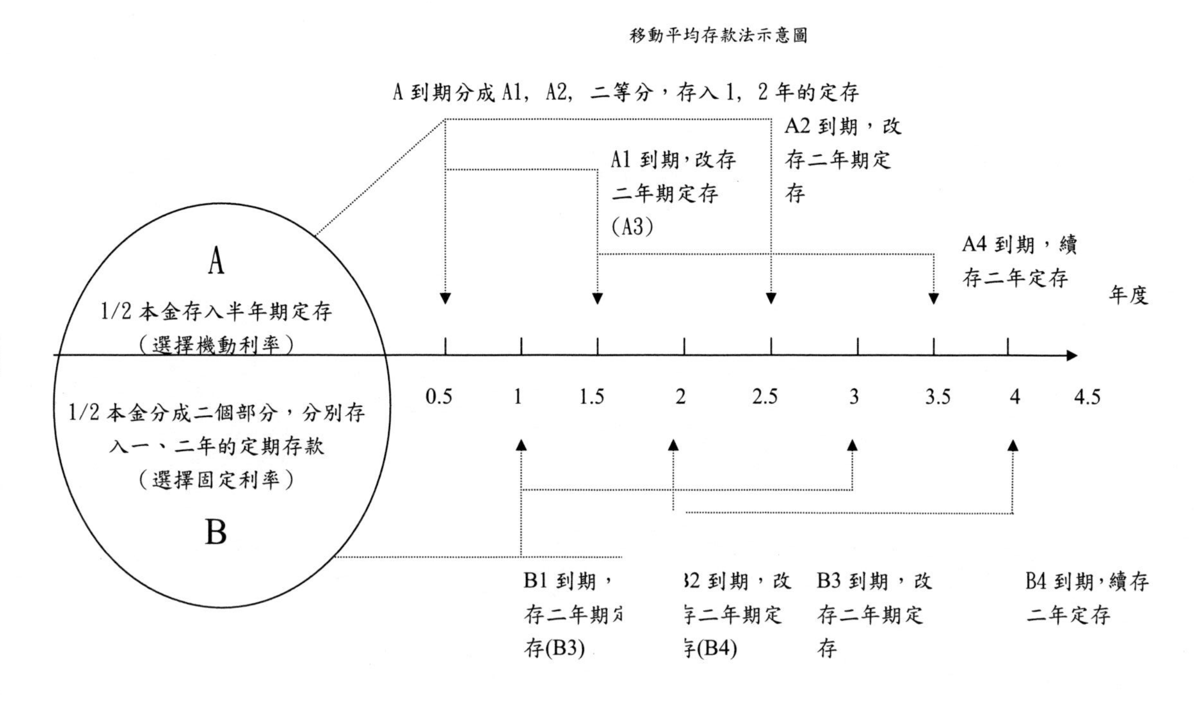
A到期分成A1, A2, 二等分，存入1, 2年的定存
A1到期，改存二年期定存(A3)
A2到期，改存二年期定存
A4到期，續存二年定存
年度
A
1/2本金存入半年期定存
（選擇機動利率）
0.5
1
1.5
2
2.5
3
3.5
4
4.5
1/2本金分成二個部分，分別存入一、二年的定期存款
（選擇固定利率）
B
B1到期，存二年期
存(B3)
2到期，改
二年期定
(B4)
B3到期，改存二年期定存
B4到期，續存二年定存
移動平均存款法示意圖

乘勝加碼還是逢低買進？

買基金投資成為許多都會上班族重要的理財方式。尤其是「定時定額扣款」投資基金是最普遍的方式。然而碰到股市崩盤時，許多投資人心中卻很掙扎是否要停扣。到底哪一個做法才是正確的？

1990 年代，台灣股市達到最高峰，就在此時，台灣投資人得知「共同基金」這項投資商品。對於台灣人說，基金的出現代表著投資工具的多樣性時代開始。2000 年後，投資基金已經成爲台灣中產階級主要的投資管道之一。

在現在，投資基金成爲許多都會上班族重要的理財方式。尤其是「定時定額扣款」投資基金是最普遍的方式。然而常會有一種現象就是，當行情持續加溫時，大家都樂在其中，但是當碰到股市崩盤時，許多投資人心中卻很掙扎是否要停止扣款，以免深陷其中。

我有個朋友在投信代理機構上班，我請教他賣基金商品的祕訣。他說很簡單，

當行情好的時候就鼓勵投資人「乘勝追擊」；

當行情好的時候就鼓勵投資人「逢低買進」。

他的意思就是不管行情好不好，任何時間都是投資

基金的好時機。但真的沒關係嗎？到底是乘勝追擊對？還是逢低買進對呢？

我們試想有三種狀況的投資可能：

- 一次投資 10000，第一期賺 20%，第二期賠 15%。
- 分二期投資，第一期賺 20%，第二期賠 15%。
- 分二期投資，第一期賠 20%，第二期賺 15%。

狀況一是「一次投資」；狀況二與狀況三為「定時定額投資」，差別是狀況二是先漲再跌，漲幅大於跌幅；狀況三是先跌再漲，跌幅大於漲幅。

以上這三種情況哪一個狀況下的投資績效最佳？憑直覺來看，不少人會認為第一種較佳；也會有一些人認為第二種也不錯；認為第三種較佳大概不會太多。但答案卻顛覆一般想法（*common sense*）。

以下分別計算看看便知道爲什麼。

- 一次投資 10000,第一期賺 20%, 第二期賠 15%。

$10,000 * (1+0.2) * (1-0.15)

= $ 10,200

一萬元的投資二期後增值爲 10,200。

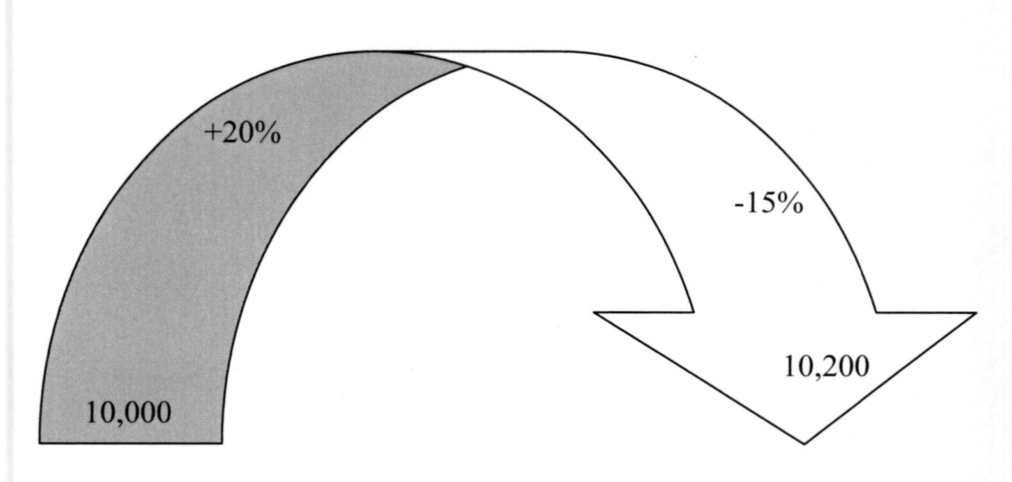

■ 分二期投資, 第一期賺 20%, 第二期賠 15%。

[$5,000 * (1+0.2) + 5,000)] * (1-0.15)

= $9,350

二次各五千元的投資，二期後卻貶值為 9,350。

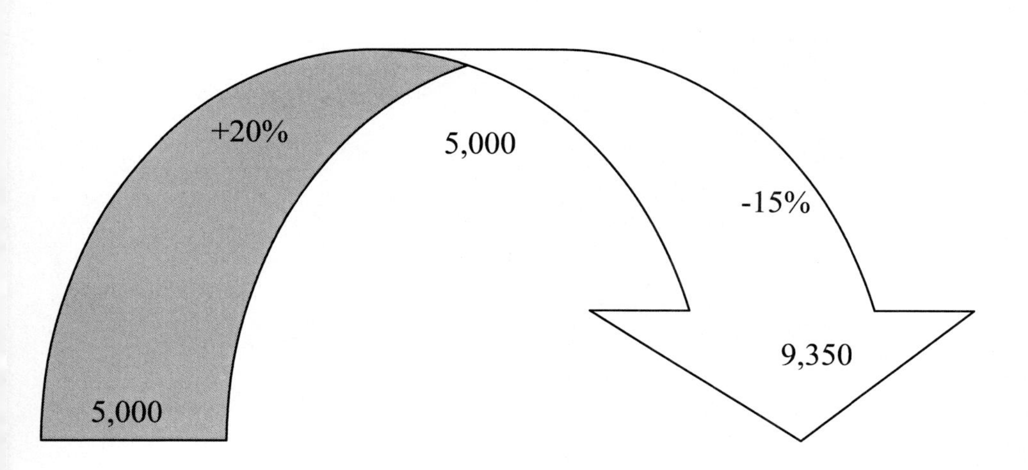

■ 分二期投資，第一期賠 20%，第二期賺 15%。

[$5,000 * (1-0.2) + 5,000)] * (1+0.15)

= $10,350

二次各五千元的投資，二期後增值爲 10,350。是三種狀況下最好的結果。

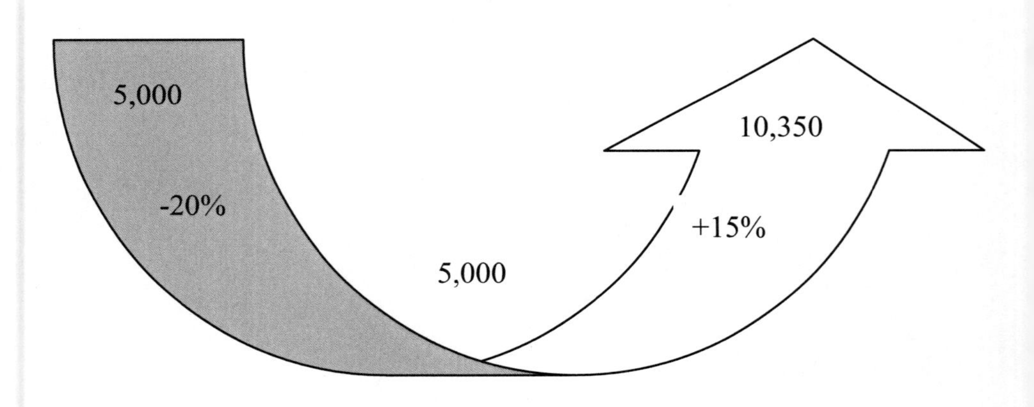

可見投資基金不要怕行情下跌，其實跌的時候更應該加碼買進；反而是行情正熱的時後，小心『高處不勝寒』，最怕行情翻轉，反而使得投資血本無歸。

投資定期定額基金基本認識：

- 投資範圍不夠分散：這是根本的問題。選擇的基金風險太高或是區域不夠分散，有時會出現長期虧損的情況。

- 高檔開始扣款，低檔停扣：在獲利的時候樂於繼續扣款。出現虧損則停止扣款，失去了低檔買進更多單位降低平均成本的立意。

- 最終的投資哲學：分清楚價格和價值，低價不一定有價值，但有價值必定有出現低價的機會。如果投資人可以在非理性下跌當中，勇敢加碼買進有價值的商品，這樣的行爲就足以媲美價直投資學派的投資大師，價值投資（價低和對美好產業趨勢的研判）是投資的致富之道。

好消息壞消息（二）

所謂好消息與壞消息，其實取決於實際發生與預期發生間的差異。如果實際發生優於預期發生便是好消息；反之，如果實際發生劣於預期發生便是壞消息，這與消息本身的好壞無關。

投資大師科斯托蘭尼說：**股市中、短期的漲跌 90%受心理因素影響，而基本面則是左右股市長期表現的重要關鍵**。股市投資人的心理狀態決定了中、短期的股市走勢，換句話說，股市中短期表現，要看股票是掌握在資金充裕、且固執的投資人手中，還是在猶豫、容易驚慌失措的投資人手中。[11]

影響股市行情的是投資大眾對重大事情的反應，而非重大事件本身。經濟狀況的好壞是一回事，投資人對事件的解讀又是另一事。影響股市漲跌的是投資人對事件的解讀，而非經濟狀況的本身。

決定股市走向的主要因素有兩項，而其他因素追根究底都是此二項因素的延伸：

---

[11] 科斯托蘭尼原著，【一個投機者的告白之證券心理學】。商智文化，2002。

1.資金流通量與上市股票之間的關係。

2.樂觀或悲觀的心理因素(也就是未來趨勢的評估)。

我們可以將此理論化為一個數學方程式，可以當作是分析股市走向的一個基本原理：

T 趨勢 =G 資金 ×P 心理

在股票市場中，量比價先行是千股不變的定律。資金是指可以隨時投入股市的流動資金。

資金行情通常是股市活絡的必要條件。如果景氣已升，但沒有足夠資金當後盾，股市也有可能是一灘死水。最常衡量資金量的指標便是貨幣發行量M1B， M1B=M1A+活期儲蓄存款。M1B 通常是指活存與較有流動性的資產，也說明了貨幣供給的流動情形。一般認為可將 M1B 視為股市資金榮枯的重要指標。M1B 數值越高，代表在市面上可投資的貨幣與其他流動性資產增加，也就代表市面上的可投資的貨幣數量大額出現，可以讓資金大量流入股票市場，促使股價指數攀升。

利率是資金的價格，也是投資人運用資金的機會成本。簡單地說，資金這一項變數完全取決於長期利率的高低。例如如果債券發行單位(指政府或公司行號)鎖定的債券利率很高，或者銀行、金融單位將存款利率定的很高，那麼願意購買股票的人當然就會比較少。

依作者的研究，M1B 與股市為同時指標，相關係數達 0.224;但 M1B 的變動率為股市的領先指標，領先股市一個月相關係數達 0.44。可作為預估股市行情的非常重要領頭羊。[12]

---

[12] 請參考拙著:【紅酒、醉漢與他的狗】。玲果國際文化事業公司，2009。

相較於資金變數，心理因素卻是由許多不同的次要因素組成。假設股票發行公司調降盈餘及股息，或者政府宣佈提高證券收益所得稅……等等(不利股市行情作法)，但這時投資大眾卻對未來行情走勢樂觀，那麼，投資人就對這些所謂的利空消息有較高的抗壓性，因爲他們認爲這些不利因素對股市的影響只是暫時的。因此，雖有一些十分重大的負面消息，但 P 變數再此依情況下仍會維持正號(+)。

講得白話點，**所謂好消息與壞消息，其實取決於實際發生與預期發生間的差異**。如果**實際發生優於預期發生便是好消息**；反之，如果**實際發生劣於預期發生便是壞消息，這與消息本身的好壞無關。**

例如，景氣正夯時，投資人預期經濟成長率爲 5%，但政府統計單位實際發佈是 3%，雖然 3%是正成長，但此一消息對投資人來說卻是壞消息，因爲實際發生數據低於預期發生數據。

再如，景氣陷入低迷時，投資人預期經濟成長率爲-4%，但政府統計單位實際發佈是-3%，雖然-3%是負成長，但此一消息對投資人來說卻是好消息，因爲實際發生數據優於預期發生數據。

爲什麼股價總是領先基本面？

股票市場通常在經濟還沒落底前便起漲；

也在經濟還沒過熱前便已反轉而下。這是

大家都知道的事實，但請問：為什麼？

承上一章節，所謂好消息與壞消息，其實取決於實際發生與預期發生間的差異。如果實際發生優於預期發生便是好消息；反之，如果實際發生劣於預期發生便是壞消息，這與消息本身的好壞無關。

再次強調，股市的漲跌維繫在對好消息與壞消息的反應。而好消息與壞消息，取決於實際發生與預期發生間的差異。『先知先覺』與『後知後覺』投資人差別在哪裡？便是對經濟現狀與展望的解讀不同。『先知先覺』投資人看懂什麼是好消息與壞消息。以下我們觀察股市漲跌的十個階段便可分曉。

市場循環的十個階段[13]

第一階段－投資人驚恐、市場沉睡，多數人進入空頭絕境

- ✓ 投資人如驚弓之鳥，絕大多數散戶不敢買股票。
- ✓ 投資專家一昧地說明更悲觀的趨勢。
- ✓ 媒體大幅報導負面消息與企業陷入財務危機的新聞大加報導並不見認何好消息。
- ✓ 中央銀行、政府部門，陸續大幅釋出整救股市方案。

第二階段－市場重新站起

- ✓ 專家建議審慎介入財務健全的績優股或好評的共同基金。
- ✓ 小部份投資人再度進入市場，但會變得小心翼翼。
- ✓ 市場信心緩和恢復之中。
- ✓ 投資市場的景氣循環再度開始進行。

[13] 圖中虛線代表投資人對基本面的展望預期；實線代表實際表現。

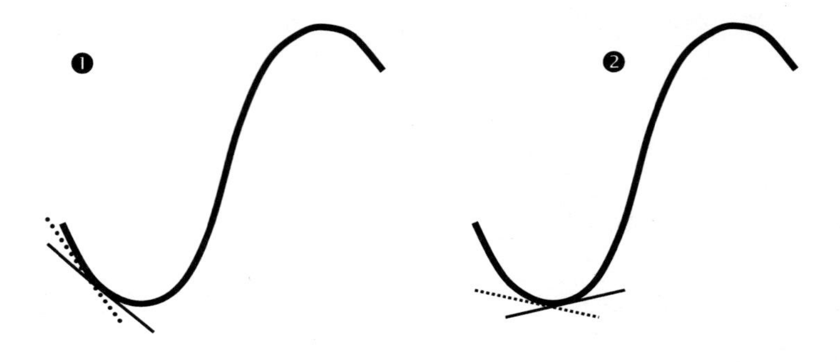

第三階段－部份投資人快樂的不得了

✓ 市場持續幾月都穩定上揚，毫無減緩的趨勢。

✓ 投資人對市場走勢抱持樂觀態度，先趨投資人會認爲現在就是最好的時機。

✓ 投機獲利的機會大量增加，但難以下決定，投資人經常陷入買或不買的天人交戰中。

第四階段－市場趨於一致性，多數人同意股市邁入多頭

- ✓ 投資獲利變得非常簡單，激起更多的人投資。
- ✓ 來自各路專家或投顧的建議，所有意見逐漸趨於一致。
- ✓ 從同事到計程車司機都可以提供內線消息。
- ✓ 成交量急遽增加，交易熱烈進行；同時隨著指數升高，投資人開始產生加碼的熱烈情緒中。
- ✓ 和先前的投資獲利程度比起來，目前的獲利相對減少，市場小幅度的漲跌頻率逐漸增加。

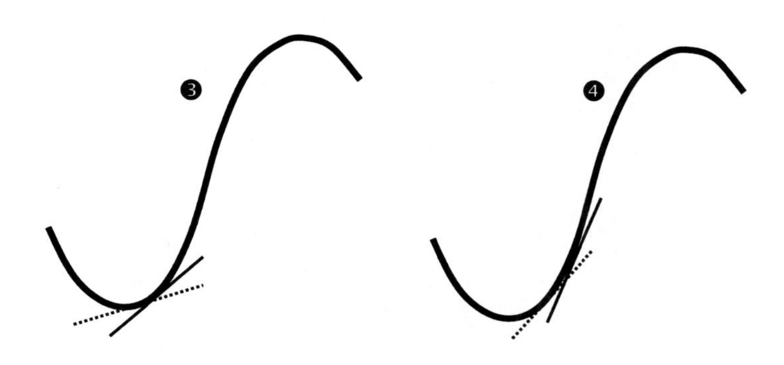

第五階段－貪婪心態慢慢形成，泡沫成形

- ✓ 股市投資成爲全民運動。
- ✓ 上至文武百官，下到市井小民，幾乎人人都成爲股市投資者。
- ✓ 多數股票市價已漲到前所未有的價位。
- ✓ 很難找到好的投資機會，因爲股價普遍上揚，甚至超漲。
- ✓ 低價股票開始受到強力推薦。
- ✓ 金融證券從業人員在酒吧消磨的時間，遠超過照顧客戶的時間。
- ✓ 由於專家的推薦及媒體的報導，資金逐漸流向某些奇特的投資計劃上。
- ✓ 之前的樂觀主義，現在卻成了不正常的心理感覺。

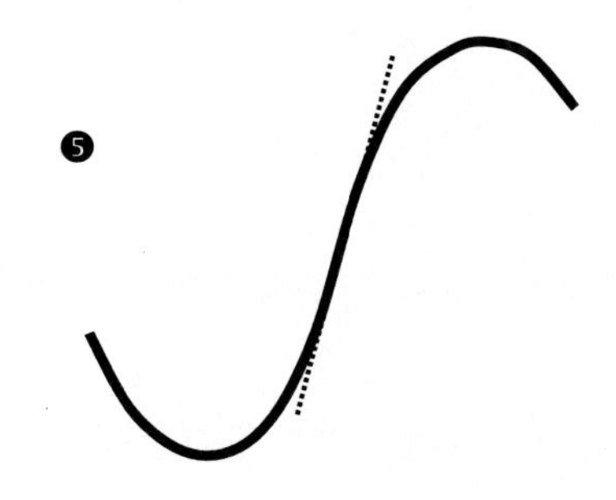

第六階段－豬羊變色，驚慌失措

- ✓ 法人投資人心態快速改變，不久後就襲捲整個市場。
- ✓ 多數投資人仍陷入懷疑與驚慌之中，並嘗試合理化股市下跌的原因，並相信股市會持續上揚。
- ✓ 政府單位釋出信心喊話，提醒投資人景氣仍然看好。

第七階段－大勢已去，股市泡沫破滅

- ✓ 號子人氣逐漸潰散。
- ✓ 投資人對負面新聞反應過度，賣壓驟升。
- ✓ 中央銀行、政府部門，開始呼籲投資人保持冷靜。

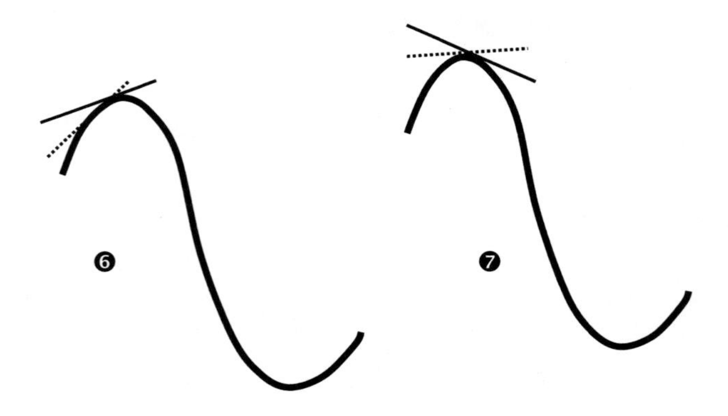

第八階段－官方數據應證，經濟泡沫破滅

- ✓ 政府部門發佈不利的經濟數據，並呼籲投資人要有信心。
- ✓ 多數投資人同意股市已進入空頭。
- ✓ 投資專家開始放馬後砲。

第九階段－投資人懼怕，多數人同意股市邁入空頭

- ✓ 投資人如驚弓之鳥，融資斷頭賣壓湧現。
- ✓ 媒體對負面或企業陷入財務危機的新聞大加報導，偶見一些好消息。
- ✓ 中央銀行、政府部門，開始釋出整救股市方案。
- ✓ 多數股票市價已跌到前所未有的低價位。

第十階段又回到股市循環的第一階段：投資人驚恐、市場沉睡

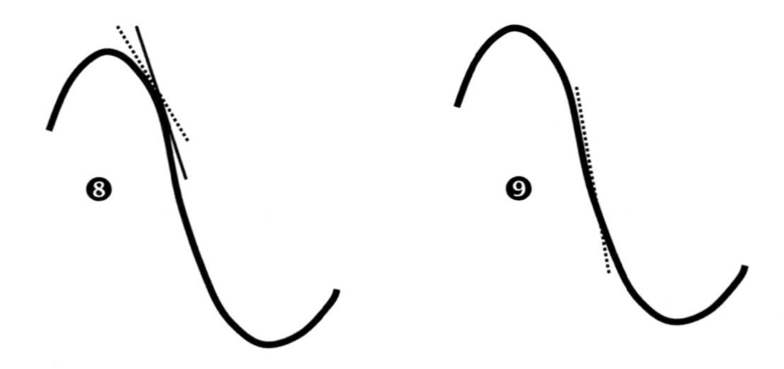

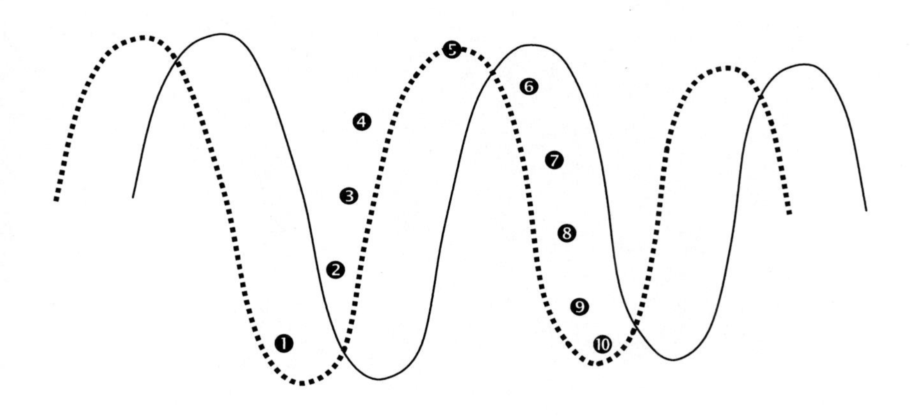

景氣循環與股市循環

贏家的詛咒：
看報紙買股票的下場

在經濟景氣已經完全確立上揚，報章雜誌刊登的只有好消息而見不到一絲絲壞消息時，散戶投資人已經完全相信股價上揚的時機已經來臨。散戶投資人滿手股票，卻滿臉疑惑！驚嘆：『那ㄟ安呢？』

『眼見爲憑』這句話對或不對？或者是說，這句適用在世俗世界的通則適用在股票市場中嗎？

我們承續上一個單元，股市的漲跌維繫在對好消息與壞消息的反應。而好消息與壞消息，取決於實際發生與預期發生間的差異。『先知先覺』與『後知後覺』投資人差別在於對經濟現狀與展望的解讀不同。『先知先覺』投資人以期望與實際表現來判斷好消息與壞消息。『後知後覺』投資人以實際表現來判斷好消息與壞消息。

我們可以發現一個現象，當報章雜誌對經濟前景仍然保持審慎觀察態度時，股票便已落底，一些績優的股票也領先起漲；當報章雜誌對經濟前景確立落底復甦時，股票市場已經漲了一大波。相同的道理，當報章雜誌對經濟前景展望一片樂觀時，股價也就沒有明顯的全面上漲趨勢，並落入輪漲的情況；當報章雜誌對經濟前景最看好的時候，股票已承現強弩之末，部份股票已經反轉往下。

以上的情況不是特例，百年來，股市的漲跌通常領先經濟基本面一季，甚至到半年。因此對股市投資人來說，獲利屬於『先知先覺者』；爲什麼散戶會賺不到錢？因爲散戶投資人乃『後知後覺者』。

多數散戶投資人是『後知後覺者』，他們沒有錯，也都很認真研究股票，只是股票市場與真實世界有別罷了。散戶投資人『眼見爲憑』，聽到好消息就買進，聽到壞消息就賣出。但是在股票市場中，這種做法卻常落入『贏家的詛咒』之中。

既然散戶是眼見爲憑，因此對利多或利空消息是隨著消息的揭露來判斷事件的真實性。我們以多頭行情的過程簡單說明如下：

- 在股票市場行情最低點時，通常經濟基本面尙未落底，亦即經濟景況尙未好轉，因此股票價格落底啓動時，散戶投資人絕不會相信。

- 在股票市場行情啓動，步入初升段時，散戶投資人仍持懷疑態度，不敢冒險進入市場，只能眼看一些人開始獲利，但仍覺得進場太冒險。

■ 在股票市場行情啓動步入主升段後，經濟景氣才會正式落底。散戶投資人仍持半信半疑的態度，看到別人買進獲利後，才會以試試看的心理，小額的買進一些股票。

■ 在股票市場行情啓動步入主升段後半段後，經濟景氣已經落底翻揚，經濟數據紛紛報出一些好消息。散戶投資人相信景氣已經復甦，買進股票數量已經明顯增加。但股市已經漲了一大段，逐步進入頭部區。

■ 在經濟景氣已經完全確立上揚，報章雜誌刊登的消息可以說是滿地開花，只有好消息而見不到一絲絲壞消息時，散戶投資人已經完全相信景氣轉好。因爲相信，所以大量買進股票以期望獲利，但此時股市已經登頂，股價不再創新。散戶投資人恐怕是滿手股票，滿臉疑惑！因爲股價已經不再上攻。只能驚嘆：『那

ㄟ安呢？』[14]

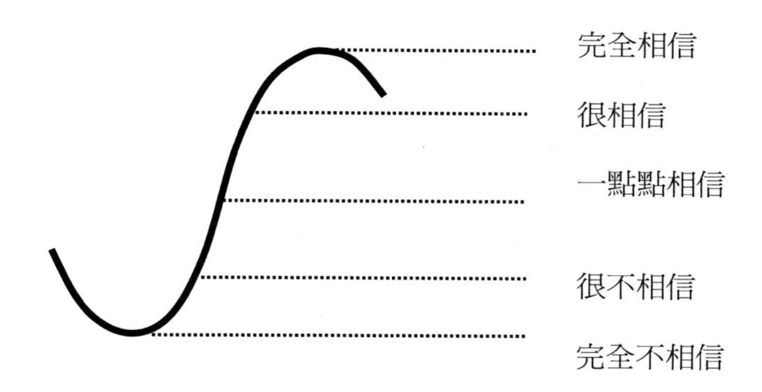

例如，在想買進綠色能源類股時，其實法人間早已經研究後而大量收購相關類股，正等待行情大漲。但是當這些股票因爲基本面看好，報章雜誌大量討論後，股價已經上漲一段時，散戶在半信半疑情況下少量買進試試水溫。當股價已經大漲一大段後，散戶投資人才完全相信綠色能源類股確有行情而大量買進，此時先知先覺的投機客已經大額獲利而出脫手上持股。股票的上漲幅度便有限，甚至只是持平。

[14] 台語『那ㄟ安呢？』意謂「怎麼會這樣」。

這便是股票市場的**「既成事實效應」**。在股市行情走勢中佔有相當重要的意義。假設，現在有爆發戰爭的可能，很多投資人開始賣股票，但宣戰當天的股市行情卻完全違反所有人的預期，反而在一瞬間開始往上走。

例如，海峽兩岸間在簽訂 MOU 過程中，相關獲利股票已經慢慢反應簽約後的利多。在正式簽約後，散戶投資人認為獲利可期而買入相關個股，但股價已經登頂不漲，甚至於反轉往下了，這就是「既成事實效應」。

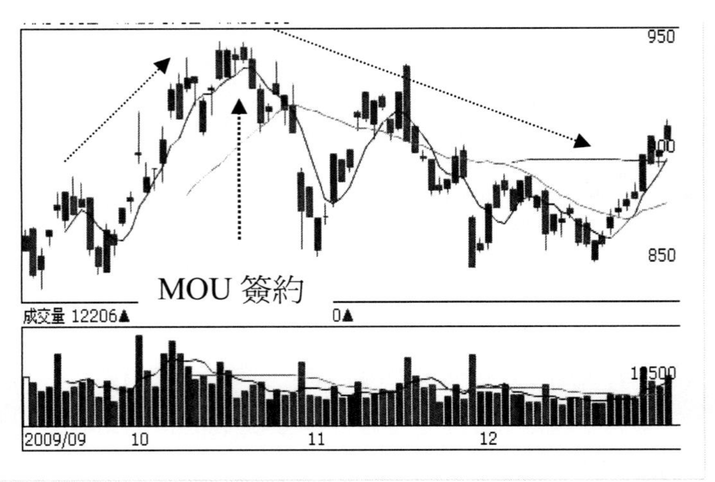

台灣股票市場金融股在 MOU 簽約前後股價表現

資料來源：雅虎奇摩， http://tw.stock.yahoo.com/t/nine.php?cat_id=%23010。

上帝之數可不可信？

PHI 被認為是宇宙間最美麗的數字，PHI 值又稱為「費波南數列」，這個數列之所有名，不單是因為相鄰兩項的和等於下一項，也因為相鄰兩項相除的商數具有一項驚人的特質，它會趨近於一點六一八，其倒數為零點六一八，俗稱黃金比例，或黃金切割率。

PHI 怎麼來？

如果我們將自然數 0、1、2、3、4、5、…依次排列，並依次累加得到另一數列：1、3、5、8、13、21、34、55、…，再以累加數列中每一數據除以前一累加數據得到：2、1.5、1.6667、1.6、1.625、…在超過 10 筆後，此一數據將接近於穩定的 1.618；如果我們以前一累加數據除後一累加數據，其結果將趨近於 0.618。

PHI 真正令人驚訝之處，在於他是自然界的基本構成要素。宇宙中的行星、動物，甚至人類的構造比例，都驚異而精確地忠於 PHI 比例。PHI 在自然界無所不在，顯然不止是巧合，而是上帝造人的一個重要密碼。

PHI 存在於人類有名的建築空間中，如希臘帕德嫩神廟、埃及金字塔，甚至是紐約聯合國大廈都隱含著 PHI。PHI 更出現在莫札特的奏鳴曲、貝多芬的第五號交響曲的組織化結構中，以及巴洛克、德布西、舒伯特的作品裡。古人認為 PHI 這個數字必然是由造物主所決定的，早期的科學便指出說，一點六一八是神聖比例。

如果把全世界任何蜂巢中的所有雌蜂數目除以雄蜂數目，會剛好得到數字 PHI。頭足類軟體動物始祖鸚鵡螺，其每圈螺旋直徑跟下一圈的比例是 PHI。向日葵的種子以逆螺旋方向生長，每一圈跟下一圈直徑的比例也是 PHI。螺旋形生長的松毬鱗片、植物莖上的樹葉排列、昆蟲身上的分節，都驚人地展現出它們遵循著神聖比例。

在人的身上也到處看得到這個神聖比率：頭頂到地板的長度，除以肚臍到地板的長度，正是 PHI；臀部到地板的長度除以膝蓋到地板的長度，又是 PHI。每一節脊椎、每個指關節、每個腳趾關節，都呈現比率 PHI、PHI、PHI、，每個人都是神聖比例 PHI 的活證據。[15]

「費波南數列」既是存在於宇宙萬物之中，在證券市場投資上有可有應用之處？證券市場既是人類金融活動，仍離不開宇宙運行的基本規律。何況證券市場由投資人進

---

[15] 取材自：【達文西密碼】，台北：時報出版社，頁 109~112。

行交易，人的行為中找得到上帝之數，「費波南數列」便存在證券市場的交易之中。

費波南係數的來源

a 原始自然數	b 累加	b÷a
0	1	
1	2	2
2	3	1.5
3	5	1.666667
4	8	1.6
5	13	1.625
6	21	1.615385
7	34	1.619048
8	55	1.617647
9	89	1.618182
10	144	1.617978
11	233	1.618056

「費波南數列」有二重點在證券市場投資上有可用之處。

- 一為時間波的概念，亦即 3, 5, 8, 13, 21, 34, …。

- 一為空間波的概念，亦即黃金切割率 0.618 (或其倒數 1.618)。

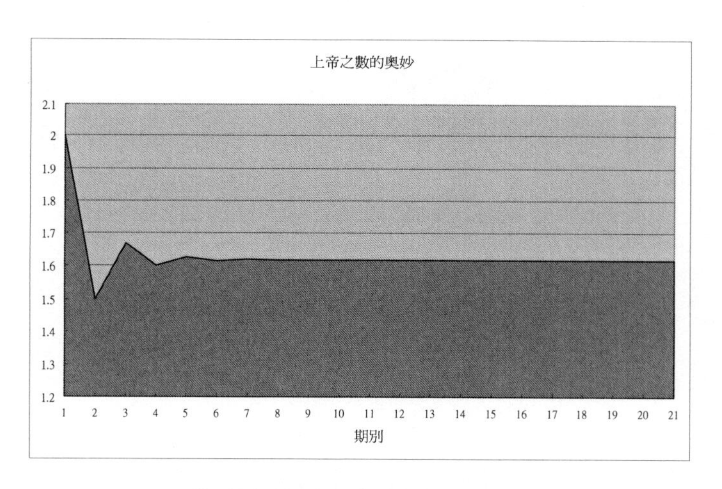

費波南數列演算出穩定的 PHI

首先，費波南數列在時間波上的應用，股價 K 線上的走勢與 3, 5, 8, 13, 21, 34, …之費波南數列契合。亦即 K 線上的走勢在 3, 5, 8, 13, 21, 34,…等處會有幅度不等的修正或反轉，如果前幾次只有修正，則下一次的反轉程度將愈巨大。此一時間波的費波南數列不論是日、週、月皆可應用。

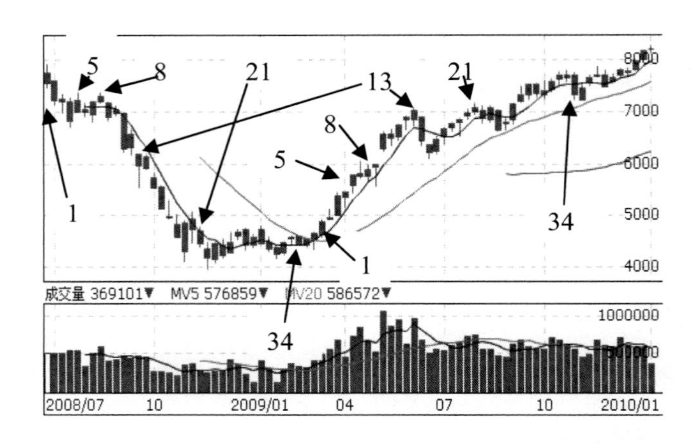

費波南係數時間波 2008~09 台股週 K 線圖

以 2008 年中因爲二房 (房地美與房利美公司) 引發全球金融風暴，所帶來的股市崩盤爲例。台股在下跌過程中共歷經了 22 週落底，並分別在 5~8 週進行初步修正，於第 8 與 13 週起跌，21 週時爲末跌段開始，並於第 34 週反轉而上，開使了 2009 年的大反彈行情。

在 2009 年的大反彈行情中，分別在第 8, 13, 21, 34 週進行修正，其中尤以第 13 週修正幅度最大，漲勢持續 45 週，於第 46 週反轉往下。

若以月 K 線觀查，則 2008 年的大空頭持續 13 個月落底；2009 年的大反彈行情持續 13 個月結束。

再來探討費波南數列空間波的概念，從空間概念來看，股價的漲跌幅符合黃金切割率 0.618。亦即一檔股票的修正幅度基本上會在原震盪空間的 0.618 或 0.382 (或 1-0.618) 處取得均衡點。

以智慧型手機製造商宏達電爲例，該檔股票於 2004 年八月於 100 元左右起漲，於 2006 年五月達到 1090 元收盤(盤中最高達 1220 元) ，共上漲了 21 個月 (符合時間波) 。之後大幅回檔修正，於 2007 年八月收 447.5 元後，再次反彈到 2008 年五月的 888 元。2008 年七月逢金融風暴，宏達電無法幸免地下殺到 2009 年一月的 308.5，並開使反彈行情到同年六月的 540 元。

我們如果以費波南數列空間波的概念，來預估下跌或反彈滿足點，則可初步估計如下：

宏達電 2003~2009 高低點預估與差異比較

時間	高低點 (收盤價)	高低點 (預估值)	差異%
2004-08-31	100.5	--	--
2006-05-30	1090	--	--
2007-08-31	447.5	478.5	6.5%
2008-05-30	888	844.5	-5.1%
2009-01-21	308.5	--	--
2009-06-30	540	529.9	-1.9%

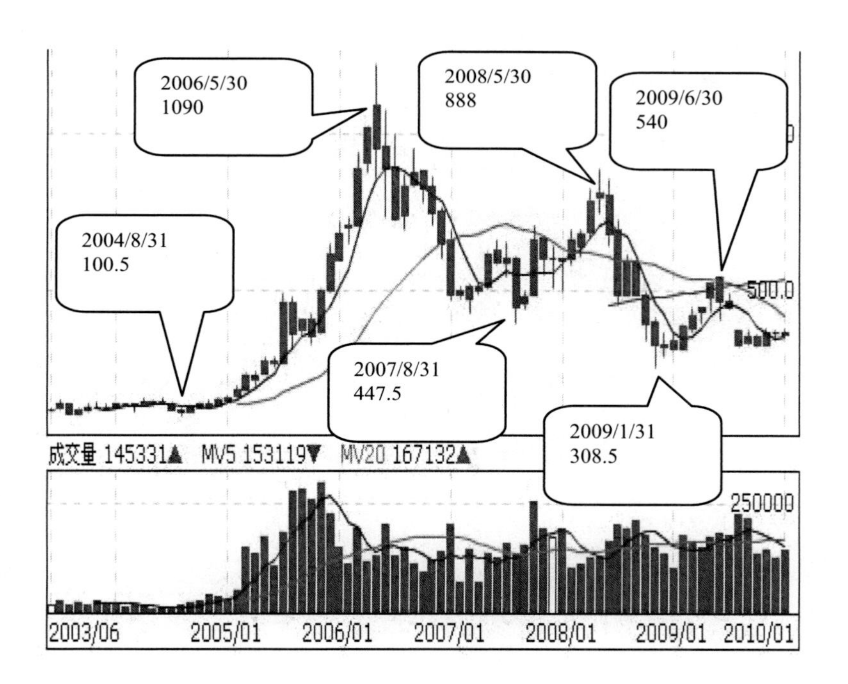

宏達電 2003~2009 高低點分佈圖

- 第一波的大多頭(100.5~1090) 回檔滿足點爲 1090 減 100.5~1090 間的 0.618 幅度，得到 478.5。與真實落點 447.5 多了 6.5%。

- 承續上一次的大幅修正，第二次上漲修正波滿足點爲 447.5 加上 1090~447.5 的 0.618 幅度，得到 844.5。與真實落點 888 少了 5.1%。

- 2008 年金融風暴後，宏達電於 2009 年一月展開反彈行情，預估滿足點爲 308.5 加上 888~308.5 的 0.382 幅度[16]，得到 529.9。與真實落點 540 只差了 1.9%。

---

[16] 2009 年以代工山寨機的聯發科興起，成為宏達電最大的競爭者，因此預估反彈屬弱勢。

不公平的遊戲

如果有一檔股票先上漲十倍，再下跌90%，結果是如何？答案是回到原點。這是一個顯然不公平的遊戲，但股票市場的本質便是如此。

這是一個值得討論的話題。

如果有一檔股票先上漲十倍，再下跌 90%，結果是如何？答案是回到原點。好，我們再看看，如果有一檔股票先下跌 90%，再上漲十倍，結果是如何？答案還是回到原點。這是一個顯然不公平的遊戲，但股票市場的本質便是如此。

以上哪一個情況比較可能會發生？是『先上漲十倍，再下跌 90%』的股票，還是『先下跌 90%，再上漲十倍』的股票，依照過去的經驗來看，前者比較常見。

換句話說，如果你手頭上有一支股票被套牢，賠了 90%，那麼在未來的時間裡，你必須期待它漲 10 倍才能解套。但如果你手頭上有一支股票已經漲了 10 倍，在未來的時間裡你還可以忍受它大跌 90%，在它大跌 90%的空間裡你隨便賣都是獲利的。可見『逢低買進、逢高賣出』是多麼重要的投資原則，但散戶往往做不到，因爲散戶之所以成爲散戶，乃是因爲永遠脫離不了『追高殺低』的宿命。

股票市場的本質如雲宵飛車般刺激

資料來源：澳洲 INKCINCT, www.inkcinct.com.au

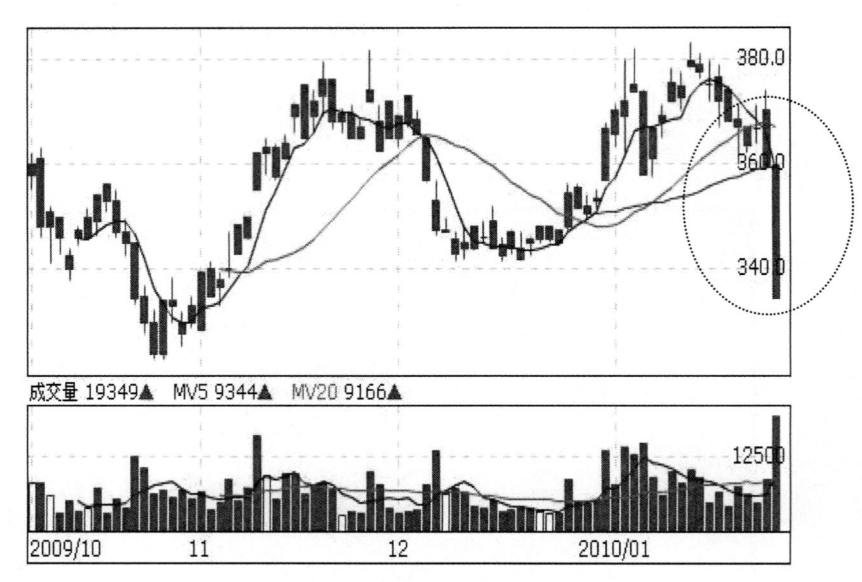

一年的運動，不堪二日的落屎

在財務理論中，我們假設投資的報酬機率分佈型態符合常態分佈(normal distribution)，亦即多數的報酬以 0 為中心點進行分佈，接進 0 點的次數 (發生機率) 較多，離 0 點愈遠 (正的報酬與負的高報酬) 的次數 (發生機率) 愈少 (不可能)。現代投資理論建立在此一學術理論之上，並為多數人所遵循。

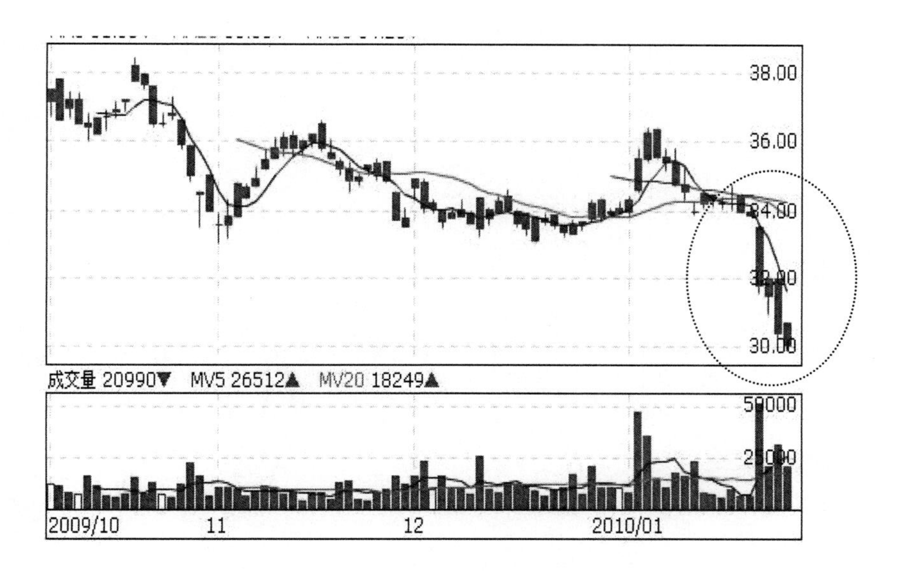

一朝被蛇咬，十年怕草繩：盤整了半年，功潰於一週

但事實上，極端正的報酬與極端負的高報酬發生頻率雖然不高，但碰上一次就可能把你的一個月、一季，甚至於一年辛苦的獲利全部吞噬完畢。通常股價上漲慢但下跌快，所以俗語說說：『一年的運動，不堪二日的落屎』[17]。1987 年的黑色星期一，美股下跌 22%就是明證。

另外，極端正的報酬與極端負的高報酬發生頻率雖然都不高，但前者更希有。美股史上十大跌幅有九個發生在

[17] 台語『落屎』意為拉肚子、下痢。

2008 年金融風暴的暴風圈中。

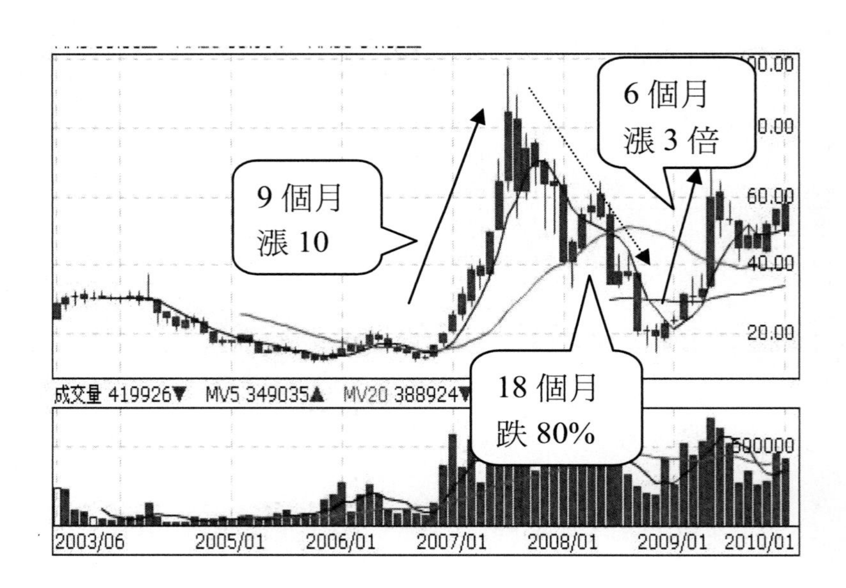

具題材股票上下幅度驚人

另外，通常具炒作題材的股票，上下幅度相當驚人。某檔股票在九個月內可以漲足十倍（沒有一家公司九個月內盈餘可以增加十倍吧!）；接下來一年半時間又跌回原點；再來半年內又漲了三倍。以最後結果來看，比原先起漲點漲了五倍，但離最高點卻跌了 50%。

我們以前二段來看：上漲十倍、下跌 90%，其實回到原點。這是一個顯然不公平的遊戲：

- 如果你買在低點、賣在高點，可以賺十倍（1 萬變 10 萬）；但如果你買在高點卻賣在低點，你要賠 90%（10 萬變 1 萬）。可見逢低買進與逢高賣出同等重要。

- 反過來說，如果很不幸地你買在高點套牢而賠掉 90%，你必須在接下來的時間中賺回十倍才能解套，這是一件多麼不可能的任務呢！

- 爲了從以上的悲情中解脫，一定要謹守『逢低買進、逢高賣出』的原則，並極力避免『追高殺低』的宿命。

平賭效應：
抽離資金確保戰果

在一個公正的賭局遊戲中，賭客張三以一元的賭資開始參與此一賭局。當公正的錢幣出現正面，他可得到一元的報酬。當錢幣出現反面時，張三輸掉一元，下一次則以二倍的賭資下注，如果錢幣出現正面，他便可以贏回原先輸掉的一元，並保有盈餘一元。如果再輸則再以二倍的賭資下注，如此持續下去，只要張三贏一次，便可以贏回原先輸掉的所有賭資，並保有盈餘一元。

不可否認地，投資人多多少少都帶了些『賭徒心態』在買賣股票。多數散戶尤然，每天都要到股市中逛一逛，多少買一點。尤其股友多少都有些小道消息，**到股票市場逛卻沒有買股票，就像到菜市場逛了一圈卻連把菜都沒買般不自在**。

投資人 (尤其是散戶) 在獲利時慾望會更大，因此賺到的錢會再投入，例如十萬元投入賺到十萬元，通常會把二十萬全部投入想賺另一個二十萬。

但如果賠了錢呢？會想把賠掉的錢想辦法全部賺回來。例如十萬元投入賠了五萬元，通常會意圖將剩下的五萬全部投入，賺回賠掉的五萬元。

賺的時候想賺更多，賠的時候想賺回來。

這便是『賭徒心態』了！多數股票投資人多少都擁有這樣的心態。其實這樣的投機行為便是財務經濟學裡邊通稱的『平賭效應』(*martingale*)。

平賭效應是一種普遍流傳在 18 世紀法國的打賭戰略機率理論。簡單來說便是，賭客參與一個正反面賭錢的遊戲，如果得到正面，賭客便贏到一倍的賭資；假若得到反面，賭客便輸掉他的賭資。

戰略上，賭客在每次損失以後會加倍他的賭注，其結果便是第一次勝利時可將所有早先損失贏回，並加上勝利後得到相等於原始的利益金額。如果此一賭博遊戲持續下去，賭客的財富最終將回到原始的賭資：1 元。這裡並未將做莊抽頭的佣金納入考量，如果將做莊抽頭的佣金（如股票交易時政府抽取證券交易稅、證券商手續費）納入考量，賭客的財富將歸零，易言之，賭客將被抽乾抹盡。

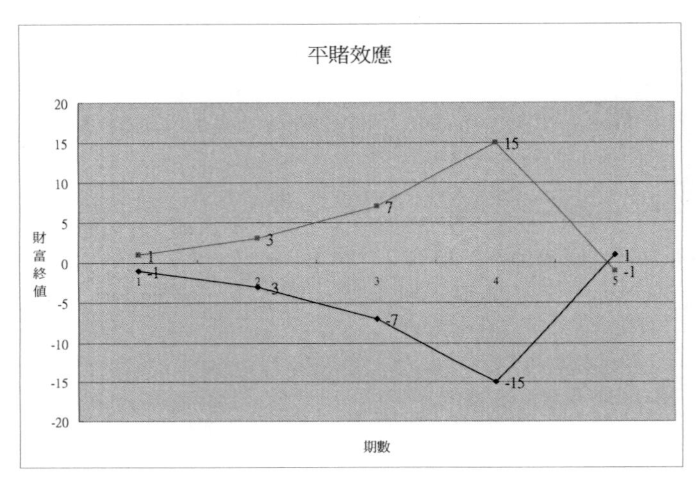

平賭效應示意圖

簡單來說，在一個公正的賭局遊戲中，賭客張三以 X 元的賭資開始參與此一賭局。當公正的錢幣出現正面，他可得到 X 元的報酬。當錢幣出現反面時，張三輸掉原始賭資 X 元，下一次則以二倍的賭資 2X 下注，如果錢幣出現正面，他便可以贏回原先輸掉的 X 元，並保有盈餘 X 元。如果運氣不佳再輸，則再以二倍的賭資持續下注，如此持續下去，只要張三贏一次，便可以贏回原先輸掉的所有賭資，並保有盈餘 X 元。(例如第四次贏回 8 時便將前面的損失 7 全部贏回)

反過頭來，如果張三運氣很好持續贏得賭局，每次再下二倍賭資（1, 2, 4, 8, …），其財富將迅速累積。但只要一次運氣不佳就會把所有的盈餘全部賠光，並得到輸掉原始賭資的下場（例如第四次輸掉 8 時便將前面的獲利 7 全部賠光）。

因此長久來說，只要張三遵循著平賭法則，那麼絕對不會賠到錢，當然，也賺不到錢！

問題來了，以上的平賭過程忽略一些實務上的限制。例如:

- 忽略主持賭局 (做莊者) 抽取傭金 (券商) 與稅金 (政府) 的事實。
- 當你賠錢時如何借到等額的錢來進行平賭？即使借得到也需要高額成本。

雖然台灣有句俗語說:**『戲台腳,站久了就是你的』**(意謂著一件事情只要你肯堅持,早晚會是你的)。但是,股票市場卻是不同,玩久了多數人都會賠光。

以台灣股市來說,證券交易稅 0.3% (賣時課徵)、證券商交易手續費約 0.1425%;如果一項投資買進賣出總共需要交易成本 0.585%,看似不多,但如果對一個天天到股市,天天像菜籃般非買不可時,一年交易日數約 250 天,保守估計進出 200 次,大約需要 117%的交易成本。也就是說,即使名義上你都沒有賠到錢,你的老本不到一年就被吸乾抹盡了。

以上的事實告訴我們一個散戶的宿命:

如果你天天泡在股票市場裡,你鐵定會賠錢。

好，如果你很幸運讓你賺到錢，但你的行爲卻落入平賭效應之中，你仍難逃在一次失敗中全部輸光。常看到許多投資人一路賺，卻經不起一次大跌。因爲我們一般人都犯了過度自信的陷阱中而不能自拔，以爲幸運之神特別關照著我們。其實你的獲利可能是一種運氣罷了！

如何從這個宿命中解脫出來呢？如果你夠幸運讓你賺到錢，假若從第三期起不管你賺多少便抽離多少資金，去享受人生，則當你失敗一次時仍能保有不錯的戰果。

例如，在不考慮交易成本下，在投入 1 元，並連賺四期後於第五期賠掉留滯在股市中的資金。由於你從第三期起抽離前一期所賺資金，因此五期下來仍能保持總績效爲900%的戰果，而不至於落入倒賠 1 元的悲慘下場。

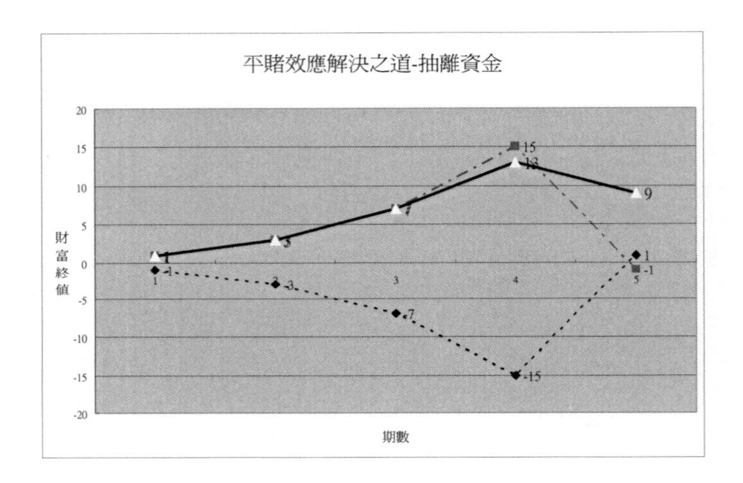
平賭效應解決之道-抽離資金
財富終值
期數
20
15
10
5
0
-5
-10
-15
-20
1
2
3
4
5
1
3
7
13
9
15
-1
-3
-7
-15
1
-1

政治三問

災民，你爲什麼不撤離?

災後重建，政府在『說不清楚、講不明白』下，

好意卻變成漠視民意的壞主意。政府對災民要有

同理心；政府與災民更要尊重專業。

在現代的民主制度下，常希望政府扮演著雙重性格的角色：當國泰民安、風調與順時，老百姓希望政府不要管太多，管太多被報怨爲『擾民』。當民眾有難時 (不管是雞皮蒜毛的鄰里小事還是天災人禍的重大事件)，老百姓希望政府是個萬能的政府，像便利商店一樣 24 小時待命、最好隨叫隨到，態度親切和藹，如果動作太慢，一定會被報怨爲『無能』。

現在的民選政府真是兩難，必須同時扮演著『無能政府』與『萬能政府』的雙重角色。沒事時當好『無能政府』；有事時當好『萬能政府』。

以發生在 2009 年 8 月的 88 水災爲例[18]，民眾普遍認爲政府救災不力，引發民怨，使得總統馬英九領導下的國民黨政權聲望大幅滑落。最後更因本次事件追究政治責任的

[18] 2009 年 8 月 6 日至 8 月 10 日間發生於台灣中南部及東南部的一起嚴重水災，起因為颱風莫拉克侵襲台灣所帶來創紀錄的雨勢，造成嚴重水患及土石流，為台灣自 1959 年八七水災以來最嚴重的水患，並引發著名觀光景點阿里山及南橫公路多處坍崩，另外高雄縣甲仙鄉小林村滅村事件，更導致數百人遭到活埋。據官方統計，此次水災共造成 704 人死亡、22 人失蹤。

打擊，直接導致劉兆玄內閣於同年9月初宣布總辭。

因八八水災受創須遷村的人數超過五千人，包括高縣桃源、那瑪夏、甲仙、六龜鄉等重災區災民將被安排至杉林鄉月眉農場展開新生活，除甲仙鄉小林村民願接受政府安排外，兩個原住民鄉的災民都發出異音，除有意撤回居住永久屋的意願書外，更訴求回鄉拒遷。

遷村絕對不是件簡單的事！情感上已難切割的災民，面臨訊息紛亂，更加難以抉擇。有災民指責政府動作太慢、有災民批評政府快得不近人情，有人猶豫反悔、更多人觀望等待。[19]

和小林村一山之隔的南化關山村，到底遷不遷？台南縣政府態度積極，在村內活動中心舉辦遷村座談會，邀集民代、慈濟與上百位村民坐下商量，村民雖出席踴躍，但態度猶疑。「優美的房屋設計、完善的生活規劃，只適合平

---

[19] 取材自：自由時報電子報八八水災專題:【遷村疑慮多災民心茫然】，2009/9/21。

地人的生活模式，不是原住民心裡的家園藍圖！」南方部落重建聯盟指出，慈濟和鴻海集團所展現的誠意，災民都感受到，但不是原鄉災民集體共識下的產物。[20]

當然也有欣喜接受的，例如屏東的好茶部落在風災過後，政府同意將他們全部遷至瑪家農場，他也希望相關單位銜接村民這兩年努力，讓好茶災民第一優先入住農場，並妥善分配各族群空間，避免互相擠壓造成文化破壞。「雖然這樣說很沉痛，但這次八八水災算是天上掉下來禮物，讓族人遷村聲音再度被政府聽到。」[21]

遷村當然不是件容易的事，首先要克服的事情感上的無法割捨，政府在這方面當然必須長期輔導。除此之外，硬體上的建設卻是政府較能使得上力的。

---

[20] 取材自：自由時報電子報莫拉克風災新聞專區:【 遷不遷村 南化關山人很猶疑】, 2009/08/28。

[21] 取材自：中時電子報:【流浪 2 年 八八水災帶來答案 好茶村民：因禍得福，遷村終有下文】, 2009/09/14。

在這方面，政府的確不如民間組織，但居民所想卻遠高於救助者。慈濟基金會捐建的永久屋已在杉林國中邊興建，其中，安置小林村民的 200 多間二樓鋼構永久屋預定春節前完成，但村民認爲不符合需求。

多個原住民部落成爲重災區，半年過去仍有許多部落安置方案沒有著落，但政府已經加快腳步進行特定區域的圈化。依《莫拉克颱風災後重建特別條例》規定，經政府公告劃定爲「特定區域」的受創部落，將不再重建或復健。[22]

原住民代表提出政府以「未劃定特定區則不予安置」要脅原住民；也質疑相較於永久屋條件嚴苛，爲何不能是中繼組合屋或其他更符合原住民生活原則的選項。整個特定區域的規劃嚴重違背《原住民基本法》第 20－22 條原住民自治，以及保障原住民土地與權益精神。

[22] YAHOO 奇摩新聞，【政院強力劃設「特定區域」，原民訴諸監察院討公道】，2010/2/1。

在事後重建上，馬政府所率領的執政團對被批評爲不重視民意、不知民間疾苦。以原地重建還是異地重建的問題爲例便鬧得沸沸騰騰、各說各話。

到底是政府漠視民意，還是政府缺乏溝通，說不清楚、講不明白？撇開情感部份不談，後者的成份其實大過前者。災民爲什麼不撤離？簡單來說就是『看不見未來比原來的好』。

這是一個比較的問題(尋找定錨點 anchor)，如果用財務的角度來看更清楚。受災戶在遷村這件問題上有幾個選項。

選項一　原地政府補助由居民自主重建，已經有一個既定的價值，例如是 PV_0。

選項二　政府補助原地重建，居民只能接受結果，其價值一定比上述方案小。例如是 $PV_1 < PV_0$。

選項三　政府補助異地重建，居民只能接受結果，其價值又一定比上述方案更小。例如是 $PV_2 < PV_1 < PV_0$。

其結果必然是居民偏好『原地政府補助由居民自主重建』>『政府補助原地重建』>『政府補助異地重建』。

過去台灣民主化發展演變成一切以選民為依歸，專家之言只能參考（甚至是跟自己意見相同者才能參考，跟自己意見不相同者皆被歸類為具不良的政治意圖）。水土保持專家在過去幾年就提出警告某些村落有遭土石流淹沒之虞。選民不理睬，政府為了選票只好鄉愿以從，只求『麥出歹誌』[23] 就好。我們過去多年來因此而付出多大的代價？

是尊重專業的時刻到了。政府應當要有魄力告訴災民，依照專業評估原地已不適合居住，選項一、二皆不可能。讓災民把思考重點全部放在選項三上面。(定錨點為 0)

如果政府有規劃，選項三：政府補助異地重建，當然不會只是一個數字，它應該是由未來各期價值的折現值總合而成。而各期價值就看政府如何營造與描述了。

---

[23] 台語『麥出歹誌』意：不要出事情。

$$PV_3 = \frac{CF_1}{1+r} + \frac{CF_2}{(1+r)^2} + \ldots\ldots$$

因此，規劃美好的未來成爲政府從事災區重建最大的任務。一定要尊重原住災民的需求 (尤其是文化、生活習性的保存) 、請專家進行軟硬體規劃，才不會政府的好意蓋出的組合屋或永久屋而不被居民所接受；才能蓋出原住災民心裡的家園藍圖！另外重建後的軟體輔導工作的重要性絕不亞於硬體設施。政府的工作便是以同理心安輔受傷的心靈。政府應分年 (期) 規劃、與民眾溝通並尋求參與：

- 新部落的硬體規劃與社區營造。
- 傳統文化素材之納入與重塑。
- 生活習性、宗教設施之考量與運作。
- 心靈之整頓與輔導計劃。

官員，你爲什麼那麼官僚?

自古以來,實際上統治中國的是文官體系。「好官自我為之，不求有功， 只求無過」的官僚文化，正是他們理性考慮下的合理行為。

我們都有到公家機關辦事情，卻有到了古代衙門般的感覺。我們本以為到了民主時代，公務員是人民的公僕，卻訝異於千百年來官民之間的鴻溝似乎仍然根深地固。

到公家機關辦事情受氣還是小事，如果出了事關人命的事還看到公務人員一付事不關己的態度才讓人氣結，「官僚是否會殺人」曾是台灣輿論討論的重點。

在過去多年，我們老百姓看過太多例子，一而再、再而三的發生。命危的小朋友在多家公立醫院間當人球；八八風災各級政府間的龜速聯繫影響救災資源的調配歷歷在目。

而透過電視媒體活生生的將四條生命在最後兩小時等待救援的掙扎影像，傳播到全國的每個家庭，『八掌溪事件』引起國人的共憤，如果沒有各種媒體及時發揮社會正義與監督的力量大力評論討伐，誰會知道與在乎在台灣的某個角落又有四名小人物因為「官僚殺人」而不幸死亡？

有人要問：爲什麼這群社會菁英如此冷血？其實不是冷血，他們的行爲也是符合理性的。基本上公務人員平均薪資高於社會中產階級，退休後又可領到不錯的退休金。他們很珍惜這份工作得來不易，因此每到景氣不好的時候，又有許多人欽羡他們這個鐵飯碗。

如果我們用財務的角度來看，擔任公務員的總報酬是由各期薪資加上退休金所構成的：

$$PV_{\mathrm{S}} = \sum_{t=0}^{n} \frac{CF_t}{(1+r)^t} = \frac{CF_1}{1+r} + \frac{CF_2}{(1+r)^2} + \ldots\ldots + \frac{CF_n}{(1+r)^n}$$

其中 CF_t 是各期薪資；CF_n是屆齡退休金。晉考公務人員的國人相對地比較屬於『風險規避者』(詳見第一篇)，也就是在同樣的誘因之下，這群人比較不願意承擔風險。或者是說，你必須給他更高的報酬才能讓他去冒險。問題是，公務人員的薪資結構並不容許『不同工不同酬』，亦即在沒有升遷狀況下，CF_t 與 CF_n都不可改變，而升遷需要靠績效，要比別人績效好就必須冒點風險。小則被申戒；大則丟官觸法，連退休金都沒了。這種下方風險（*downward risk*) 沒有多少人願意去嘗試。

例如 2010 年初，公路總局局長爲了 8 元的汽燃稅手續費下台，果真是他無能，還是高官不敢得罪選民而拿他開刀？如果是後者，寒了公務人員的心，請問還有誰願意求特殊表現？還是乖乖地聽上頭指示再做事會比較安全。

總而言之，公務人員是一群不願意冒太大風險的人，他們又面對著極大的下方風險的薪資結構。所謂「好官自我爲之，不求有功， 只求無過」，也是他們理性考慮下，追求自我價值極大化的合理行爲。

因此我們普遍看到許多公務員凡事聽命於上司，由上司做主、去負責。只要在合法範圍內拖延公事，任何大官都奈何不了我。

小則被罵罵『不便民』不關痛養，也不會減少薪資。一家大型海洋主題樂園在開工前蓋了幾百個章，經歷二朝政府、二個世紀仍無下聞，便是典型的例子；大則像八八風災時層層官員沒有人敢負責，最後的大大小小事情全部由最高統帥的總統下命令才動作，當然延誤救災時機。也就鬧出總統直接打電話跟台北市消防局調動救難車船的糗事。

政府，你爲什麼那麼無能？

台灣在政治改革的過程中，付出了慘痛的代價，經濟停滯了十年。[24]

[24] 資料來源：黃若，【未來決定經濟興衰的最大因素：人口數量、素質和年齡結構】。昆士蘭日報 4 版，2010/2/6。

台灣的民主制度是中國五千年歷史上從未出現過的政治制度，雖與經濟成就並列為「台灣奇蹟」，但其對國家長遠的發展之影響是否完全正面還有待觀查。

在民主制度下，政府施政以民意為依歸。然而台灣的民選政府走到目前已嚴重陷入兩難的境地。執政團隊必須同時扮演著『無能政府』與『萬能政府』的雙重角色。沒事時當好『無能政府』；有事時當好『萬能政府』。

國泰民安、風調雨順時最好什麼都別管，否則被罵「管太多」；當然，假若風吹草動、民眾苦惱時，政府最好迅速採取施救行動，否則定被罵「無能政府」、沒有魄力、沒有執行力、沒有體諒民情…。

例如山坡地濫墾濫伐栽種經濟作物，政府最好都不要管，不然叫窮苦百姓如何生存下去？即使民眾違法，只要在合情合理之下，睜一隻眼閉一隻眼就從善如流吧。當天災降臨，土石崩塌，泥流成災時，民眾又質疑政府救災太沒效率；而釀禍元兇絕對不是山坡地濫墾濫伐，而是公共工程弊端造成；至於山坡地濫墾濫伐的問題，一定被質疑早知道會有這種結果，爲什麼政府當時沒有好好運用公權力防範於未然？

再例如股票市場，邁入多頭走勢時絕對不能釋放利空消息 (如加稅、課證所稅、國安基金退場、抓內線交易…等) ，否則便被罵成干預股市運作。如果股市稍微大跌一下，股民又會期望政府護盤，否則便被罵成不了解民間疾苦。**政府必須在無能與萬能之間迅速做轉換，否則會很有效率地被選民用選票拋棄，如此的民主制度不搞得執政團隊精神分裂才怪。也弄得執政團隊往『無能』的方向走。**

2009 年初，台灣中央政府爲了對付金融風暴帶來的國內消費力降低，發放每一位國民 3600 元的消費券，也的確引發部份的促進經濟發展效果。筆者在 2009 年底，政府有意徵稅以彌補歲收空洞時，對聽講的觀眾詢問說：「經濟已經慢慢好轉，如果我們把 3600 元還給政府以協助政府解決財政赤字好不好？」卻只有不到一成的人願意。民眾希望

政府同時扮演萬能 (發錢) 與無能 (不要課稅) 的角色。

高層政治人物總希望執政的政績斐然，能夠獲得民眾的持續支持與青睞並繼續執政下去。但台灣的政治發展在目前階段來看卻是『原地踏步，空轉自如』。

何以致之？大約有三大原因：

- **文官官僚主義盛行，不想做事。**
- **討好選民，讓想做事的好官也不敢做事。**
- **政務官短視近利，國家看不到未來。**

目前行政系統官僚主義盛行，不想做事、不敢負責任的文官很多，導致於凡事聽命於上司，由上司做主、去負責。只要在合法範圍內拖延公事，任何大官都奈何不了我。導致於像八八風災時所有的各層官員沒有人敢負責，最後的大大小小事情全部由最高統帥的總統下命令。效率不彰、草菅人命便一而再、再而三的發生。

公務員辦事效率不彰讓吳揆再也看不下去！八八風災後，行政院指示要成立的「土方銀行」，一紙公文雲遊數個月卻始終沒有下文、毫無結果，讓吳敦義發火，他當時就說，「如果震怒才有效，那難道要蓋個震怒章嗎？！」一樁接著一樁，對於公務員行政效率低落及未定案的政策老是出包，地方民代出身的吳敦義早就看不下去，這次終於出手。並語重心長的說出：「順民者昌、失民者亡」的警語。[25]

---

[25] 取材自：今日新聞，【公務員效率差，吳敦義早就忍很久】，2010/2/8。

但其實想做事、願負責任的文官也很多，但卻爲了短線討好民而被提早淘汰。例如公路總局局長爲了 8 元的汽燃稅手續費下台，是真的文官無能，還是高官不敢得罪選民？還是不討好上司？

此外，健保喊漲，財經部門又打算開徵能源稅…許多的彌補赤字與促進財稅公平的政策，的確造成民眾怨聲載道，還勞駕吳揆自己上火線去滅火，然而站在公平正義的角度來看難道不對？難道是「不懂民間疾苦」可以掩飾「不敢得罪選民」的死穴嗎？如此不敢得罪選民，美其名爲「一切以民意爲依歸」的施政方式讓選民胃口養得更大，反過頭來更難推動有利全體國民的政策了。

無能的高官，你在意的到底是民意還是選票？

最後，也是滿嚴重的問題便是，在「一切以民意爲依歸」的施政方針下，政治人物紛紛走短線，造成國家政策短視近利 (*myopia*)。所謂

有什麼樣的選民就會有什麼樣的政府

政務官任期太短，不敢推動長期有利國家發展的政策。政治人物紛紛走短線的結果便是國家看不見未來，哪一個首長敢挖衛生下水道這種長久有利的政策？(開挖馬路造成民眾怨聲載道)種種花比較實際可以討好選民 (看得到花團錦簇、賞心悅目)。最好發發錢，大家皆大歡喜。如果一個討好選民的政黨用發錢來換取選票，國家還需要政府養這麼多學有專長的官員嗎？

如果有一個長遠眼光的政治家，願意用 n 年時間達成有利國家長遠發展的政策，其績效爲 PV_A ：

$$PV_{\mathrm{A}} = \sum_{t=0}^{n} \frac{CF_t}{(1+r)^t} = \frac{CF_1}{1+r} + \frac{CF_2}{(1+r)^2} + \ldots\ldots + \frac{CF_n}{(1+r)^n}$$

但在目前「一切以民意為依歸」的施政方針下，政治人物紛紛走短線，他要在短期內達成同樣的績效 PV_A，勢必要讓短線的績效 CF_t 讓選民看得到，最好是感受得到。假若一個政務官期望在任三年，其績效 PV_A 為三年短線政績折現值。

$$PV_{\mathrm{A}} = \frac{CF_1}{1+r} + \frac{CF_2}{(1+r)^2} + \frac{CF_3}{(1+r)^3}$$

其實，台灣的政務官都很「短命」。以民進黨執政期間為例，總共在八年換了六任的閣揆，平均一任只有一年一季，最短的唐飛 5 個月不到。落得任何政策皆輪於口號，沒有一樣落實。這不禁讓我們開始懷念落實台灣基礎的前閣揆孫運璿、創立台灣高科技基礎建設的前經濟部長李國鼎的眼光與願景。

日本在 1990 年後的首相平均任期不到一年，更反應出日本沉沒的 20 年之可悲。

台灣閣揆任期 2000~2009

閣揆名字	任期	長度
唐 飛	2000/5/20-2000/10/4	5 個月
張俊雄	2000/10/6-2002/2/1	1 年 4 個月
游錫堃	2002/2/1-2005/2/1	3 年
謝長廷	2005/2/1-2006/1/25	1 年
蘇貞昌	2006/1/25-2007/5/21	1 年 4 個月
張俊雄	2007/5/21-2008/5/20	1 年
劉兆玄	2008/5/20-2009/9/10	1 年 3 個月

筆者曾多次問過學生說：你們可知道台北市捷運誰做的？幾乎眾口皆答說陳前總統。我說：不對，陳前市長只是去剪綵的，挖台北市捷運的黃前市長因爲開挖馬路造成民眾怨聲載道而選輸了陳前市長。

這便是吊詭之處了，**選民不會去感謝讓捷運開工的市長，卻去稱許風光剪綵的後任市長。**那麼請問你，還有誰敢去做一些長期有利國計民生、短期得罪選民的政策？

有任期制的央行總裁彭懷南是全世界唯一連續六次榮獲五顆星評價的央行總裁，也是唯一橫跨二次政黨輪替依然在任的閣員。因爲他可以做一些長期有利國家經濟發展的貨幣政策，而無需煩惱落入短線的政治操作。所以不禁要問「一切以民意爲依歸」的短線施政方針對了嗎？

國家圖書館出版品預行編目資料

黑白講財務學 / 張宮熊著. --
初版. -- 高雄市 : 玲果國際文化, 2010.02
面 ; 14.8×210 公分
ISBN 978-986-83029-3-8 (平裝)
1. 財務管理 2. 通俗作品

494.7 99003213

黑白講財務學

作　　者◎張宮熊
出 版 人◎王艷玲
出 版 者◎玲果國際文化事業有限公司
Lingo International Culture Co. Ltd.
地　　址◎804 高雄市鼓山區大順一路1041巷3號3樓
電　　話◎+886-7-5525715
E－Mail◎mylingo.tw@msa.hinet.net
網　　址◎mylingo.myweb.hinet.net
劃撥帳號◎42122061　戶名：王艷玲

總經銷揚智文化事業股份有限公司
地　　址◎222 台北縣深坑鄉北深路三段260號8樓
電　　話◎+886-2-86626826 FAX:+886-2-26647633
E－Mail◎service@ycrc.com.tw
網　　址◎www.ycrc.com.tw

印刷裝訂◎宏冠數位印刷
ISBN 978-986-83029-3-8 （平裝）
書　　號◎FC002
出版日期◎2010年2月 初版一刷
定　　價◎新台幣230元整
Printed in Taiwan